山西通用航空职业技术学院"十四五"系列规划教材

民用多旋翼无人机操控员培训指南

Pilot Training Guide for Civil Multi–rotor UAV

主　编　雷晓锋

副主编　宋光涛　邰鑫来　张赫元　马智远

U0245735

北京航空航天大学出版社
BEIHANG UNIVERSITY PRESS

图书在版编目（CIP）数据

民用多旋翼无人机操控员培训指南 / 雷晓锋主编；
宋光涛等副主编. --北京：北京航空航天大学出版社，
2022.12

ISBN 978-7-5124-3972-6

Ⅰ．①民… Ⅱ．①雷… ②宋… Ⅲ．①无人驾驶飞机
—飞行控制—指南 Ⅳ.①V279-62

中国版本图书馆CIP数据核字（2022）第251411号

民用多旋翼无人机操控员培训指南

责任编辑：王　素　李　帆
责任印制：秦　赟
出版发行：北京航空航天大学出版社
地　　址：北京市海淀区学院路37号（100191）
电　　话：010-82317023（编辑部）　　010-82317024（发行部）
　　　　　010-82316936（邮购部）
网　　址：http://www.buaapress.com.cn
读者信箱：bhxszx@163.com
印　　刷：北京富资园科技发展有限公司
开　　本：710mm×1000mm　1/16
印　　张：22.5
字　　数：297千字
版　　次：2022年12月第1版
印　　次：2022年12月第1次印刷
定　　价：98.00元

　　自从莱特兄弟1903年首次试飞完全受控、依靠自身动力、机身比空气重、持续滞空不落地的飞机以来，能够让飞机在无人驾驶下飞行也是人类追求的目标之一。一百多年来，随着科学技术和无人技术的发展，无人机的技术性能不断优化，在军事和民用领域的应用也愈加广泛，无人机的类型也越来越多，在部分领域甚至有替代有人机的趋势。无人机研发制造走到21世纪第三个十年，世界空域已经有大量无人机在飞行。据欧美有关机构预测分析，到2026年，美国民用无人机制造及相关产业价值将达到80亿~200亿美元，到2035年欧洲无人机市场将达100亿欧元。据测算，到2025年我国工业无人机的产业规模将超过450亿元。据国家有关部门统计，2020年我国的无人机行业人才达到20万，产业链人才需求达500万人，且需求数量逐年递增，从事的行业覆盖农业植保、电力巡检、火警消防、警用安防、应急救援、能源勘探、影视航拍等，所以考取无人机操控执照已经成为相关从业人员上岗就业、各行各业进行空中作业的必备条件和硬性刚需。

　　山西通用航空职业技术学院是山西省首所航空类公办高职院校，重点布局无人机、航空维修、航空机务与运输、通航+人工智能等专业集群，形成比较完善的通用航空职业技术职业教育体系。作为学院重点打造的专业集群之一，无人机专业集群聚焦"理论+飞行+维修"三位一体的专业能力培养体系，致力于培养高水平的技能型应用型无人机人才。北京零创众成科技有限公司是成立于北航科技园内的国家级高新技术企业，由一群热爱航空事业的航空高校毕业生创立，专注于智能无人飞行器与eVtol的研发、生产、制造和人才培养。

山西通用航空职业技术学院和北京零创众成科技有限公司合作共建"无人机培训基地"，为学院、山西省乃至华北地区提供无人机操控员教育培训。基地设立在山西通用航空职业技术学院，拥有超过1万平方米的真草实飞场地、2万平方米空域以及2000平方米实训教学场地。基地拥有垂直起降固定翼无人机、固定翼无人机、多旋翼无人机、直升机等，以及各类仿真训练模拟器和桌面模拟器，并配有食堂、学生公寓、教师公寓、超市、篮球场、足球场等，设施齐全、环境优美，可以让学员们拥有一个良好的培训环境和生活环境。

为了更好地开展无人机操控员教育培训工作，山西通用航空职业技术学院和北京零创众成科技有限公司合作编写《民用多旋翼无人机操控员培训指南》。该书结合基地的理论、教学和实践经验，从无人机系统概述、无人机系统组成、无人机飞行原理与气象、无人机组装与保养、无人机运行和飞行规定、模拟器飞行训练、真机飞行训练及注意事项和无人机地面站控制系统训练等方向，具体阐述一名优秀的多旋翼无人机操控员所需要掌握的无人机基础知识和无人机实操技能。同时，作为一本无人机科普书籍，本书通过图文并茂的形式以及通俗易懂的语言全方位讲解了无人机的使用入门、操作技巧、安全监管、飞行须知、规范应用等一系列相关知识，为广大的无人机爱好者和无人机行业从业者提供学习指导和实践参考。

　　本书编写过程中，参考了大量民航规章、文献资料和兄弟单位、院校的有关教学资料，在此谨对原作者深表感谢。鉴于编者水平有限，如有不当之处，恳请读者予以批评指正。在这里，衷心感谢关心和支持山西通用航空职业技术学院发展的各界人士，感谢北京航空航天大学出版社领导和编辑们的辛勤工作。

编　者
2022 年 12 月

目 录

第 3 章　飞行原理与航空气象

第 4 章　无人机组装与保养

第 5 章　无人机法规、空域与操控员

第 6 章　无人机模拟飞行

第 7 章　室外真机飞行训练与考试流程

第 8 章 无人机地面控制系统训练

第 1 章

无人机系统概述

1.1 无人机定义和无人机系统概念

什么是无人机？

无人机（Unmanned Aircraft，UA），是由控制站管理（包括远程操纵或自主飞行）的航空器，也称远程驾驶航空器（Remotely Piloted Aircraft，RPA）。英文也常用UAV来表示（Unmanned Aerial Vehicle）。在英文中，也使用Drone表示无人机，本义是"嗡嗡声"。如图1-1，是一架电动力的航拍类无人机。

图1-1 航拍类无人机

无人机即无人驾驶飞机，飞机上没有驾驶员，它主要依靠"遥控"或"自控"飞行，也可以将"遥控"和"自控"结合起来（如图1-2所示）。它是能够自主飞行或者由人在地面或母机上进行遥控的飞机。可重复使用，能携带不同装备，执行任务。它装有自动驾驶仪、程序控制系统、遥控与遥测系统、自动导航系统、自动着陆系统等，通过这些系统实现一定距离控制飞行。

图1-2　操控无人机飞行

我们也可以认为，无人驾驶飞机是一种以无线电遥控或由自身程序控制为主的不载人飞机。与载人飞机相比，它具有体积小、造价低、使用方便、对环境要求低、生存能力较强等优点，备受世界各国的青睐（图1-3所示为无人机编队飞行）。尤其在军事领域，无人机以其准确、高效和灵便的特点，在侦察、干扰、欺骗、搜索等多种作战环境中，发挥着显著的作用。在经济建设领域，无人机的使用范围也越来越广泛。

图1-3　无人机编队飞行

无人机系统（Unmanned Aircraft System，UAS），也称远程驾驶航空器系统（Remotely Piloted Aircraft Systems，RPAS），是指由无人机、相关控制站、所需的指令与控制数据链路以及批准的型号设计规定的任何其他部件组成的系统。

1.2 无人机的发展历程

如果你认为无人机这种高科技产物是最近几年才出现的那就大错特错了，无人机发展已经有百年的历史了。

1. 第一阶段：萌芽期

许多伟大的科技源于战争，无人机也不例外，无人机最初的发展要追溯到一战时期，而且初期发展并不顺利。

1914年，在第一次世界大战中，英国的卡德尔和皮切尔两位将军提议研制一种无人驾驶空中炸弹，可以自行飞到目标上空消灭敌人，然而实验多次均以失败告终。

1917年，虽然英国研制无人机失败了，但是在那个充满奇思妙想的时代，彼得·库伯和艾尔姆·A·斯皮里发明了第一台自动陀螺稳定仪。美军应用斯皮里"空中鱼雷"式无人机在测试中挂载一枚300磅重的炸弹可飞行50英里（图1-4）。

从严格意义上说，无人机是能遥控操作、自主飞行的无人驾驶飞机，所以以上的这些尝试还不能算是无人机。

1935年，"蜂后"式无人机的问世才是无人机真正开始的时代，可以说是近现代无人机历史上的"开山鼻祖"。随后无人机被运用于各大战场,执行侦察任务。然而由于当时的科技比较落后,无法出色地完成任务,所以逐步受到冷落,甚至被军方弃用。

图 1-4　美国"空中鱼雷"式无人机

虽然当时无人机被很多大国冷落,但是对于刚刚经历过战争的中国来说拥有无人机却是十分必要的。中国无人机的研究始于20世纪50年代后期,在苏联的帮助下进行研究,后来由于多方面的原因,苏联从中国撤走援助,艰苦奋斗的中国人自己研发,直到1966年12月,中国第一架无人机"长空一号"才首飞成功。

这里面要穿插一个小故事:美国蜂鸟无人机被击落对于中国无人机的发展可谓是里程碑式的事件,蜂鸟无人机被击落后仍然保存完整,至今没有找到具体原因,但是国人却在蜂鸟无人机的基础上在1978年仿制成功了无侦-5型无人远程侦察机(出口型命名"长虹一号")。

2. 第二阶段:发展期

科技在不断发展,无人机的技术也在逐渐成熟,直至1982年以色列首创无人机与"有人机"协同作战,无人机才重回大家的视线,同时无人机在海湾战争中大放异彩也引起了各国军事高层的重视,开启了无人机真正的发展之路。

20世纪90年代末，美国军方认为无人机的发展对于战术空中力量将产生巨大帮助，所以在科索沃战争中美国军方看到了无人机技术的缺陷后，开始投入财政拨款支持无人机研发事业。

3. 第三阶段：蓬勃期

21世纪初，由于原来的无人机个头较大，目标明显且不易于携带，所以研制出了迷你无人机（见图1-5），机型更加小巧、性能更加稳定，一个背包就可搞定。同时无人机更加优秀的技能，催发了民用无人机的诞生。

图1-5　迷你无人机

2006年大疆创新科技有限公司成立，其业务从无人机系统拓展至多元化产品体系，在无人机、手持影像系统、机器人教育、智能驾驶等多个领域成为全球领先的品牌，如今已发展成为空间智能时代的技术、影像和教育方案引领者。大疆的消费级无人机主要有御 Mavic 系列、Spark 系列、Phantom 系列等，专业级无人机主要有悟 Inspire 系列、禅思 Zenmuse 系列、如影 Ronin 系列等，同时，针对农林植保、应急救援等也开发出应用无人机。据有关数据统计，尽管受到美国内政部和美国国防部的制裁，大疆无人机在 2021 年的全球商业无人机领域仍然拥有 70%~80% 的市场份额。

2009 年，美国加州 3DRobotics 无人机公司成立，这是一家最初主要制造和销售 DIY 类遥控飞行器（UAV）的相关零部件的公司，在 2014 年推出 X8+ 四轴飞行器后而名声大噪，目前已经成长为与中国大疆相媲美的无人机公司。

派诺特无人机公司是一家位于法国巴黎的无人机企业，是最早进军民用无人机市场的企业之一。派诺特早期从事车载信息娱乐系统开发，在 2010 年率先推出了真正意义上的消费级无人机 AR.DRONE，并在后期的发展中将无人机应用拓展到探测、应急救援等领域，为相应领域的专业人员实施量身定制的解决方案。随着消费级无人机的市场竞争日趋激烈，派诺特逐渐退出轻小型消费无人机的竞争，专注于专业级无人机的解决方案。从其官方网站查询，2021 年派诺特主打的产品为 ANAFI USA 和 4G 无人机 ANAFI Ai。

1.3　无人机分类

近年来，国内外无人机相关技术飞速发展，无人机系统种类繁多、用途广泛特点鲜明，致使其在尺寸、质量、航程、航时、飞行高度、飞行速度、性能以及任务等多方面都有较大差异。由于无人机的多样性，出于不同的考量会有不同的分类方法，且不同的分类方法相互交叉、边界模糊。

无人机可按飞行平台构型、用途、尺度、活动半径、任务高度等方法进行分类。无人机的分类主要有以下几种：

1. 按飞行平台构型分类

无人机可分为固定翼无人机、旋翼无人机、无人飞艇、伞翼无人机、扑翼无人机等。

（1）固定翼无人机

固定翼无人机就是指飞机的机翼固定不动，靠机翼的空气动力特性而产生升力的一种机型。固定翼机型比较常见，如图1-6为常规布局的民用无人机、图1-7为美国捕食者系列攻击无人机、图1-8为国产彩虹系列无人机。

图1-6 常规布局的民用无人机

图1-7 美国捕食者系列攻击无人机

图 1-8 国产彩虹系列无人机

（2）旋翼机

旋翼机是指通过飞机机翼（在这里，我们把机翼改称为桨叶）旋转而产生升力的一种机型，主要包含多旋翼、直升机、自转旋翼机。三种机型在结构和功能上各有特色，不同的应用场景，选择不同的机型。

多旋翼是目前应用最广的机型，它对于无人机的发展起到了非常重要的作用。多旋翼无人机是指拥有包含三个及以上旋翼轴的无人机，它因结构简单，维护方便，可以垂直起降而得到迅速的推广，如图 1-9 为农用植保无人机、图 1-10 为山西通用航空职业技术学院（以下简称山西航院）无人机培训基地教学用无人机。

图 1-9 农用植保无人机

图1-10　教学用无人机

（3）直升机

通俗来讲，直升机指的是单旋翼直升机，和多旋翼不同的是，单旋翼直升机通常由一个主旋翼和一个尾旋翼构成，通常具有机动性好、飞行速度快等优点，但是由于其结构复杂，有逐渐被多旋翼取代的趋势（特殊行业除外），如图1-11和图1-12分别是考试用无人直升机和植保用无人直升机。

图1-11　考试用无人直升机

图1-12　植保用无人直升机

随着科技的发展，除了单旋翼带尾桨的构型之外，直升机还演变出了具有多个主旋翼的形式，如共轴双桨构型，并逐渐演化出了另外两个分支，即双轴双桨和交叉轴直升机。如图1-13为共轴双桨直升机，该直升机的优势是载重大，无须安装尾桨。图1-14为美国支奴干运输直升机，该直升机所采用的驱动原理和共轴双桨类似，但是在形式上改成了前后双桨的形式。图1-15为交叉轴双桨直升机。

图 1-13　共轴双桨直升机

图 1-14　支奴干运输直升机

图1-15　交叉轴双桨直升机

（4）垂直起降固定翼

垂直起降固定翼无人机是近几年新研发出来的一款无人机机型，单纯从结构上看可以看作是多旋翼和固定翼的结合体，它既有多旋翼起降简单、没有场地要求的优点，又有固定翼长航时、大载重的优点，很适合做行业的测绘、监测、管路巡查等工作，如图1-16为正准备交付的垂直起降固定翼。

图1-16　垂直起降固定翼无人机

2. 按使用性质分类

按使用性质分类，无人机分为军用和民用无人机。

军用无人机又包含：信息无人机（侦察、诱饵、电子对抗、通信中继等）、攻击无人机、察打一体无人机、空战无人机（无人战斗机）、靶机等类别。军用无人机对于飞行高度与速度、机动性等要求高，一般说来是高端无人机的代名词；

民用无人机主要分工业级无人机（执行各种作业或特定使命）和消费类无人机。民用无人机一般对于速度、升限和航程等要求较低，但要求简易可靠，制作与使用成本低。

3. 按尺度（空机质量）分类

按尺度（空机质量）分类，无人机可分为微型、轻型、小型和大型无人机。民用领域的规定是，微型无人机的空机质量小于等于7千克，轻型无人机的空机质量大于7千克、小于等于116千克，小型无人机的空机质量小于等于5700千克，大型无人机的空机质量大于5700千克。

4. 按活动半径分类

按活动半径分类，无人机可分为超近程无人机、近程无人机、短程无人机、中程无人机和远程无人机。超近程无人机活动半径在15千米以内，近程无人机活动半径在15~50千米之间，短程无人机活动半径在50~200千米之间，中程无人机活动半径在200~800千米之间，远程无人机活动半径大于800千米。

5. 按任务高度分类

无人机可以分为超低空无人机、低空无人机、中空无人机、高空无人机和超高空无人机。超低空无人机任务高度一般在0~100米之间，低空无人机任务高度一般在100~1000米之间，中空无人机任务高度一般在1000~7000米之间，高空无人机任务高度一般在7000~18000米之间，超高空无人机任务高度一般大于18000米。

6. 按动力样式分类

与有人机一样，分为油动（燃油驱动活塞、涡喷、涡轴等）、电动（多样化的电力来源驱动电机，燃料电池、太阳能电池、超级电容器、无线能量传输或其他种类的电池等电力来源）和油电混合等类别。

7. 按留空时间分类

无人机按照留空时间可以分为长航时与非长航时，但目前并无客观的、统一的标准。如果把轨道飞行器也算作无人机，这些飞行器可以持续飞行数日、数月，甚至数年。如果以传统航空器的飞行高度，即临近空间的下限高度为界，军用无人机达到一天上下，可认为是长航时。民用无人机达到数小时即可认为是长航时。确定是否够得上"长航时"，还跟无人机的用途相关，总之是相对比较而言。

8. 军用无人机分类的特殊性

美国防部将军用无人机按质量、飞行高度和空速综合起来，划分为5个等级：

第1级质量0~9千克，飞行高度不超过370米，空速低于185千米/小时；

第2级质量9.5~25千克，飞行高度不超过1100米，空速低于463千米/小时；

第3级质量低于600千克，飞行高度低于5500米，空速低于463千米/小时；

第4级质量大于600千克，飞行高度低于5500米，空速任意；

第5级质量大于600千克，飞行高度高于5500米，空速任意。

其中，第 1、2、3 级称为"小型无人机系统"（SUAS，Small Unmanned Aerial System），第 4、5 级称为"遥控无人机"（RPA），多为中高端机，强调持久、灵活和多功能，是联合作战的新品种。

1.4　无人机的用途与优势

1.4.1　无人机的用途

随着无人机技术的发展，细分市场领域的需求增长，无人机的应用正展现出越来越丰富的可能性。无人机种类很多，不同的无人机可以完成不同的特殊任务，例如航拍、植保、替代电力工人巡线等，无人机的应用越来越广泛，正推动着各个领域的发展。

无人机的用途基本可分为两大类，一类是民用无人机，一般用于无人机相关执照培训、农业植保、航拍、航测等；另一类是军用无人机，多用于侦察监视、骗敌诱饵、实施干扰、对地攻击、通信中继等。

1. 民事用途

（1）无人机执照培训

无人机培训是严格按照中国民航局制定的相关规定，进行定期培训，考取相关证件执照。以多旋翼无人机培训为例，无人机操控员学习包括三个环节，理论学习、模拟操作及实践飞行、考证。理论学习内容包括了民航的法律法规、无人机原理、系统组成、装机调试等。实践飞行训练主要考四个项目：360°悬停、水平八字、地面站绘图使用、地面站归航等。图 1-17 所示为山西航院无人机培训学员在进行外场实践飞行训练。无人机驾驶者获取证照后，只能驾驶与所执证照类型相符的无人机，无人机证照类型分为固定翼、直升机和多轴飞行器三类，每种无人机又按照起飞重量分为大型、小型、轻型、微型四级。

图1-17　山西航院无人机培训学员外场实操

（2）农业应用

①用于农业事前预防：农田信息监测

通过对大面积农田、土地进行航拍，从航拍的图片、摄像资料里了解农作物的生长周期，对农田进行全面的有效监测。

②用于农业事中监测：农药喷洒

农用无人机是一种应用于农业的无人驾驶飞行器，目的是帮助提高农作物产量和监测农作物生长。它的传感器和数字成像能力可以帮助农民更加了解他们的田地，并且有助于提高农作物产量和农场效率。

农用无人机让农民从天上看到他们的田地。这样的鸟瞰图可以揭示许多问题，如灌溉、土壤变化、害虫和真菌感染等问题。拍摄的多光谱图像可以显示近红外视图和可见光谱视图，从而向农民展示出健康植物和不健康植物的区别，而且这种区别平时并不能用肉眼清晰看见。由此，可以使用这些视图帮助评估农作物的生长和产量。

此外，无人机可以根据农民的喜好定期为他们调查农作物。每周、每天甚至每小时，使用这些拍摄的图像可以显示农作物随时间的变化，从而暴露可能的"问题点"。确定了这些问题点后，农民可以尝试改善农作物的管理和生产。

无人机进行农药喷洒可以降低农作物生物灾害，具有高效安全、覆盖疏密程度高、防治成效好、节水节药成本低等优势。图 1-18 所示为一款用于农业植物保护的无人机。

图 1-18　一款植保无人机

③用于农业事后控制：农业保险勘查

当出现大面积自然灾害时，农作物查勘定损工作量极大，其中最难以界定的就是损失面积问题。无人机通过高分辨率图像和高精度定位数据获得能力、多种任务的应用拓展能力的特点可以高效地处理这种工作量极大的任务。通过航拍查勘获取航拍成果数据、对航拍图片的后期处理与技术分析，农田保险公司可以准确测定实际受灾面积，进行农田保险灾害损失勘查，不仅提高了工作效率，更能降低人为因素导致定损结果的误差。

（3）航拍

航拍无人机是集成了高清摄影摄像装置的遥控飞行器，系统主要包括：载机、飞控、陀螺云台、视频传输、地面站以及通话系统等，航拍无人机飞行高度一般在500米以上，适合影视宣传片以及鸟瞰图的拍摄等。这种飞行器灵活方便，能快速地完成镜头的拍摄。图1-19所示为一款航拍无人机。

航拍摄影是以无人驾驶飞机作为空中平台，以机载遥感设备，如高分辨率CCD数码相机、轻型光学相机、红外扫描仪，激光扫描仪、磁测仪等获取信息，用计算机对图像信息进行处理，并按照一定精度要求制作成图像。全系统在设计和最优化组合方面具有突出的特点，是集成了高空拍摄、遥控、遥测技术、视频影像微波传输和计算机影像信息处理的新型应用技术。

使用无人机进行小区域遥感航拍技术，在实践中取得了明显成效和经验。以无人机为空中遥感平台的微型航空遥感技术，适应国家经济和文化建设发展的需要，为中小城市特别是市、县、乡镇等地区经济和文化建设提供了有效的遥感技术服务手段。遥感航拍技术对我国经济的发展具有重要的促进作用。

图1-19　一款航拍无人机

（4）电力石油应用

无人机可以应用于电力巡线、石油管道等领域。巡检装配有高清数码摄像机和照相机以及GPS定位系统的多旋翼无人机，可沿线路进行自主巡航普查，对塔架、绝缘子等可悬停详查，实时传送拍摄影像，监控人员可在电脑上同步收看与操作。而在山洪暴发、地震灾害等紧急情况下，多旋翼无人机可以对线路的潜在危险，诸如塔基陷落等问题进行勘测与紧急排查，丝毫不受路面状况的影响，既免去攀爬杆塔之苦，又能勘测到人眼的死角，对于迅速恢复供电很有帮助。

无人机在待巡查的石油管道上空沿线飞行，无人机在自动飞行模式下，用内置高清摄像机指向待巡查的石油管道，采集管道详情影像、并通过无线远距离实时回传至地面站。通过3G网络传输功能，还可将无人机视频影像实时传输至石油企业在全球任何地点的手机终端或指挥中心。夜间可以配置无人机载红外热像仪实现巡线检。

（5）测绘应用

无人机在测绘中具有非常重要的作用，可以机载遥感设备，如高分辨率CCD数码相机、轻型光学相机、红外扫描仪，激光扫描仪、磁测仪等获取信息，用计算机对图像信息进行处理，并按照一定精度要求制作成图像。昆明劲鹰无人机专业从事航测无人机设备的设计、生产、销售及航测航拍服务，是中国技术顶尖的航测航拍无人机设计制造及航飞服务商，能用无人机测绘技术准确地反映出地区新发现的古迹、新建的街道、大桥、机场、车站以及土地、资源利用情况的综合信息。

无人机测绘技术可广泛应用于国家生态环境保护、矿产资源勘探、海洋环境监测、土地利用调查、水资源开发、农作物长势监测与估产、农业作业、自然灾害监测与评估、城市规划与市政管理、森林病虫害防护与监测、公共安全、国防事业、数字地球以及广告摄影等领域，有着广阔的市场需求。

无人机航测是传统航空摄影测量手段的有力补充，具有机动灵活、高效快速、精细准确、作业成本低、适用范围广、生产周期短等特点，在小区域和飞行困难地区高分辨率影像快速获取方面具有明显优势（图1-20所示为一款航测无人机），随着无人机与数码相机技术的发展，基于无人机平台的数字航摄技术已显示出其独特的优势，无人机与航空摄影测量相结合使得"无人机数字低空遥感"成为航空遥感领域的一个崭新发展方向，无人机航拍可广泛应用于国家重大工程建设、灾害应急与处理、国土监察、资源开发、新农村和小城镇建设等方面，尤其在基础测绘、土地资源调查监测、土地利用动态监测、数字城市建设和应急救灾测绘数据获取等方面具有广阔前景。

图 1-20　一款航测无人机

（6）检灾应用

无人机也可以应用于灾情监测、应急指挥、地震调查、防疫监控等。

中国幅员辽阔，地质灾害频发频繁，灾前预警、灾时监测、灾后重建等需对灾区进行反复遥感动态监测，搭载了高清拍摄装置的多旋翼无人机对受灾地区进行航拍，可以提供一手的最新影像。

利用无人机载视觉系统可以迅速、有效、全方位搜索自然灾害及突发事故的遇难者和幸存者。

新冠肺炎疫情全球蔓延，各国出动无人机协助防疫、体温监控、喷洒消毒剂及运用物资，在这非常时期，无人机大跃进成为重要的科技防疫神器。图1-21所示为无人机用于消毒剂喷洒。

图 1-21　无人机用于消毒剂喷洒

（7）物流运输应用

基于配送需求剧增、人力成本飙升、服务场景复杂等多因素，由于无人机软硬件技术的进步达到了实用性的基本要求，产生了一个全新物流格局——无人机物流。无人机被定位为高难度物流的最终手段。未来，物流无人机定将成为现代物流业不可或缺的基础设施，助力物流业实现跨越式发展。

（8）林业应用

无人机在林业方面，可以用于森林防火、森林灾害防治、保护区野生动物检测等。

无人机作为一种新型的中低空实时电视成像和红外成像快速获取系统，

在对车、人无法到达地带的林业资源调查、生态环境、森林防火、森林病虫害防治等方面有其独特的优势。在森林消防方面，作为现有林业监测手段的有力补充，无人机除了能在发生森林火灾时快速定位火点，确定火情外，还能对林业火灾进行监测、预防。森林火灾的发生，因地理位置分散偏僻，发生之初通常很难发现，若能及时监测到林火的发生，将火灾扼杀在萌芽状态，抢占灭火先机，就能将产生的破坏和损失大大降低。利用航拍影像，可以第一时间检测保护区野生动物情况。

（9）气象应用

人机搭载生态大气检测仪可实现区域空气质量的在线自动监测，能全天候、连续、自动地监测环境空气中的二氧化硫、二氧化氮、臭氧、一氧化碳、PM2.5、PM10和有机挥发物的实时变化情况，迅速、准确地收集、处理监测数据，能及时、准确地反映区域环境空气质量状况及变化规律，为环保部门的环境决策、环境管理、污染防治提供翔实的数据资料和科学依据。

（10）国土资源方面

无人机可用于矿产资源勘探、国土资源开采。无人机系统搭载探地雷达、合成孔径雷达后可用于探矿、埋藏物体地位、路基监测、深层基岩剖面、断裂带、沉积研究、土壤和聚集物成像等。以上数据为矿产资源勘探和国土资源开采提供翔实的数据依据。

（11）警用方面

无人机可用于执行交通巡逻、边境巡视等任务。无人机可搭载高清摄像头、喊话器等设备，然后通过4G将画面实时传输到指挥车辆的大屏上，实时获取现场情况，为指挥员提供高效准确的指挥调度依据。

（12）水利方面

无人机用于水利监测的技术已经比较成熟，主要有水利工程监测、洪涝灾害监测、干旱缺水监测、水环境污染监测、河床河道监测、内陆湖泊及水库监测和农田灌溉监测等。

水利信息化建设，要以多颗遥感卫星数据为基础，以机载、地面移动站和地面固定站获取的数据为补充，开展多源水利信息快速获取、处理和融合技术研究。把无人机的应用纳入水利信息化建设的系统中，将大大提高雨情、水情、旱情和灾情信息采集的准确性及传输的时效性，对其发展趋势做出及时、准确地预测和预报，这对制定防洪抗旱调度方案，为决策部门准确决策提供科学依据。

（13）城市规划方面

无人机可用于城市规划、市政管理。无人机遥感技术在城市建设工程的环境监测方面也发挥着重大作用。城市建设工程应该坚持环境保护与经济、社会发展相协调发展的原则，运用无人机低空遥感技术可以在工程规划、设计和审查阶段用于现场勘查，全面了解施工地区及周边的环境，在施工期间，无人机低空遥感技术可以针对性地对面积、土石方体积、植被覆盖度、工程外观等进行勘查和测量，为环保部门判断环境评价结论和环境保护措施的合理性提供依据。

2. 军事用途

（1）作战训练与实验

无人机的诞生之初就是为了取代用有人机拖拽的靶机，用于地面防空和空中格斗武器的试验与训练。如美国诺斯罗普公司研制的MD2R5靶机，最大飞行高度8250米，可装红外曳光管和雷达信号。无人驾驶飞机增强器，还可带拖靶作为火炮和导弹的靶标。美国瑞安公司的BQM-34靶机飞行速度为1.5马赫，飞行高度达1.83万米，可用于模拟敌方战斗机。面对日益严重的反舰导弹的威胁，美国海军还开发了BQM-74C型掠海飞行无人机，用于评估舰载反导系统（图1-22）。

图1-22　BQM-74C掠海飞行无人机

（2）侦察监视

这也是无人机最早的用途之一。无人侦察机可以深入阵地前沿和敌后一二百公里，甚至更远的距离。它依靠装在机上的可见光照相机、电影摄影机、标准或微光电视摄像机、红外扫描器和雷达等设备，完成各种侦察和监视任务。一般来说，一架无人机可携带一种或几种侦察设备，按预定的程序或地面指令进行工作，最后将所获得的信息和图像随时传送回地面，供有关部门使用；也可以将获得的所有信息记录下来，待无人机回收时一次取用。随着高新技术的发展和应用，无人机上的设备性能也在不断提高，同时还增加了一些新的装备，应用范围进一步扩大。如装备全球定位系统（GPS）后，无人机可与侦察卫星和有人驾驶侦察机配合使用，形成高、中、低空，多层次、多方位的立体空中侦察监视网，使所获得的情报信息更加准确可靠。

（3）骗敌诱饵

使用无人机吸引敌方的火力或整个防空系统，进而将其破坏或摧毁，是近一二十年人们为无人机开发出的新用途。

作为诱饵之用的无人机，其主要使命是协同其他电子侦察设备遂行诱骗侦察；或作为突防工具，为有人驾驶飞机提供防空压制；或与反辐射武器配合使用，压制和摧毁敌防空系统。为此，这种无人机与其他用途的无人机有所不同。为了提高作为诱饵的欺骗效果，常常要采取一些措施，如进行特殊设计，并装上适当的电子设备，使其具有与欲模拟的目标有相仿的机动能力和信号特征；安装角反射器等无源装置，增大无人机的雷达反射面积；安装射频放大设备，增强雷达反射信号。总之，就是千方百计让敌方容易发现它，吸引敌方的注意力。

一般来说，在执行诱骗任务时，诱骗无人机先在前沿阵地上空模仿有人驾驶飞机作战术飞行，刺激或诱发敌防空武器系统中的雷达开机，然后己方侦察设备趁机完成侦察任务。用作突防工具时，无人机先于己方的攻击机群从侧面到达敌防空体系所保护的目标区，迷惑敌方雷达，消耗敌防空兵器。这些无人机由于采用了增大雷达反射截面积和信号强度等措施，具有很强的欺骗性。敌方的雷达将首先截获到这些假目标，但很难识别，导致把这些错误的情报传递到敌火控雷达系统和防空武器。这样，一方面可使敌防空雷达网在对付这些假目标上消耗大量时间，另一方面敌武器系统会对其开火或发射导弹，消耗防空火力，从而降低对己方攻击机的威胁。

图 1-23　F-4 战斗机

事实证明，诱饵无人机曾在几次局部战争中发挥了相当重要的作用。例如，在1973年的第四次中东战争中，以色列使用美国的"鸱鸮"式小型无人机作为诱饵，欺骗敌防空火力，掩护自己的飞机进攻。据介绍，曾有1架无人机诱使32枚"萨姆"导弹对其发射。随后，以军的F-4战斗机和A-4攻击机紧随其后，顺利完成了对埃军阵地的攻击任务。

（4）实施干扰

无人机系统可以进行干扰，使其通信中断，指挥失灵；发展趋势是向干扰雷达和干扰通信同时进行方式发展。因为要想使敌方地域的所有雷达都受到完全干扰是不大可能的，那么未受干扰压制的雷达所获得的有关目标的信息，可以通过通信线路传送到已受干扰雷达阵地上。所以，只有在干扰雷达时，同时对通信系统也予以干扰，才能使敌方高炮和导弹阵地无法得到所需要的情报信息。

为此，一架无人机可同时装备两种或两种以上的干扰设备，根据需要灵活运用；也可是两种或多种不同用途的无人机或无人机与电子战飞机之间的协同作战。英国研制的"君主"系统，就是使用多架无人机，分别携带电子侦察设备、雷达干扰设备和通信干扰设备，飞临敌方阵地上空执行遂行电子战任务的一个综合系统。

在光电对抗中，无人机的作用潜力也是十分引人注目的，它可以装备烟雾装置，瓦解敌方的光电制导武器的进攻；也可以装备闪光灯具，作为红外诱饵，引偏敌方的红外制导武器；还可以利用它机动灵活和滞空时间长的特点，把携带的曳光弹准确地投放到所需的位置上。

（5）对地攻击

作为一种空中运载工具，无人机也能携带多种对地攻击武器，飞往前线或深入敌占区纵深，对地面军事目标进行打击；它可以用空对地导弹或炸弹对敌防空武器实施压制；用反坦克导弹等对坦克或坦克群进行攻击；用集束炸弹等武器对地面部队集结点等进行轰炸。特别值得一提的是反辐射攻击无人机。这是一种利用敌方雷达辐射的电磁波信号，发现、跟踪，以致最后摧毁雷达的武器系统。它不仅可用于攻击敌方雷达、干扰机和其他辐射源，而且高速反辐射无人机加装复合制导装置等设备后，还可用于攻击敌预警机和专用电子干扰飞机。美国的"勇敢者"200型和德国的KDAR就属于反雷达无人机。KDAR采用无尾、十字形机翼的布局形式，机翼还可折叠起来，放入一个6.1立方米的标准容器内。该容器既是储存和运输的包装，又是发射装置，每个容器可装20架KDAR无人机。

（6）校射作用

主要用于火力引导和对射击效果进行评估。美国洛克希德公司生产的"苍鹰"就是这样一种无人机。它装有测距机。自动跟踪电视摄像机、激光指示器和热成像仪，可通过抗干扰的数据链向地面传送位置修正指令，能为"铜斑蛇"激光制导炮弹和机载"海尔法"反坦克导弹指示目标。

（7）通信中继

如美国的"先锋"式无人机装有抗干扰扩频通信设备、大功率固态放大器、全向甚高频和超高频无线电台中继设备等，可在C波段进行数据、信号、话音和图像通信，通信距离为185千米。

（8）运输能力

据外刊报道，俄罗斯"埃尼克斯"公司宣布，将为俄国防部研制新一代无人机。

据悉，新型无人机能够用于校正迫击炮和火炮射击的角度，并可用于地形照相侦察及执行其他任务，同时具备在信息化作战条件下运送军用物资能力。美国也在研究运输无人机。

（9）监察安全状况

根据The Lens的一份报告，新奥尔良市官员曾申请使用美国国土安全部的无人驾驶机，以保障该地的安全。The Lens称，一位新奥尔良官员一直对收购无人驾驶高科技非常感兴趣。据报道，市政府官员与本地的无人驾驶飞机制造商召开了两次会议，希望将无人驾驶机正式投入新奥尔良市中。

1.4.2 无人机的优势

与有人飞机相比，无人机具有多种优势。

1.建造、使用成本低

因为无人机体积比较小，重量也比较轻，造价成本很低，有的是降低三分之一，有的降低好几倍；由于重量轻，油耗也低，与有人机相比，运行成本大大降低；无人机不仅比有人机简单得多，同时体积小，可以长期保存在仓库里面，使用维护费用大大减少，据估计可以减少80%。由于机上没有驾驶员，因此可省去驾驶舱及有关的环控及安全救生设备从而降低飞机的重量和成本。

在飞行方面，无人机的训练跟有人机不一样。有人机，飞行员必须到空中去飞，飞一次要耗掉大量费用，而无人机可以在虚拟的座舱里面通过操控键盘进行训练，虚拟的训练系统费用大大减少；同时无人机，一个人可以同时控制几架甚至数十架的无人机，而驾驶员不可能在空中一个人开两架飞机，所以对飞行员的培养费用也可以大大减少。综合上述，无人机的使用费用是很低的。

2.地勤保障要求低，机动性强

无人机不需要专门的跑道和庞大的地勤维修，起降条件和维修保障要求都比较低。在较小场地上能够起飞，回收，甚至可以在船舶、石油平台上起飞和回收。

3.安全风险系数小

由于无人机是通过地面遥控或程序飞行的，所以人员不需要升空，虽然有人机的安全系数很高，但是还是有机毁人亡的小概率事件发生，而无人机最多是发生意外无法回收外，而不存在人员安全的风险。由于机上没有驾驶员，飞机可以适应更激烈的机动和更加恶劣的飞行环境，留空时间也不会受到人所固有的生理限制。也可以克服有人机驾驶员的诸多缺陷，比如胆怯心理、生理承受能力等。

4.在使用维护方面，无人机比较简单

而且费用低，操纵员只需在地面进行训练，无须上天飞行。

※　课后习题

1. 什么是无人机?

2. 无人机按尺度（空机质量）分类分为（　）、（　）、（　）和（　）无人机。

3. 无人机活动半径在15km以内属于（　）无人机。

    A. 近程无人机　　　B. 中程无人机

    C. 超近程无人机　　D. 远程无人机

4. 请叙述无人机的用途有哪些？（可从民用及军用两方面举例）

5. 通过本章的学习，你对无人机的了解有哪些？

第 2 章

无人机系统组成

2.1 无人机系统简介

　　无人机系统，是指无人机及与其配套的通信站、起飞（发射）回收装置以及无人机的运输、储存和检测装置等的统称。

　　事实上，无人机要完成任务，除需要飞机及其携带的任务设备外，还需要有地面控制设备、数据通信设备、维护设备以及指挥控制和必要的操作、维护人员等，较大型的无人机还需要专门的发射和回收装置。所以说，完整意义上的无人机应称为无人机系统（Unmanned Aerial System，UAS）。

　　无人机的通信站可以建在地面，也可以设在车、船或其他平台上，通过通信站，不但可以获得无人机所侦察到的信息，而且还可以向无人机发布指令，控制它的飞行，使无人机能够顺利完成任务。

　　无人机的起飞（发射）装置有多种类型，主要的起飞（发射）方式有地面滑跑起飞、沿导轨发射、空中投放等，有些小型无人机由容器式发射装置靠容器内的液压或气压动力发射。不同类型和不同使用环境下的无人机，可选择不同的系统构成，比如：小型无人机通常采用弹射或火箭发射；而大型无人机则采用起落架或发射车进行发射。

　　无人机的回收方式包括自动着陆、降落伞回收和拦截网回收等。

2.2　无人机系统组成

简单来讲，凡是和无人机相关的都可以并入无人机系统，主要包括：操作人员、航空器、地面系统、任务载荷、数据链路系统等。无人机性能的不断发展和完善，能够执行复杂任务的无人机系统包括以下各个分系统。

（1）无人飞行器分系统：是执行任务的载体，它携带遥控遥测设备和任务设备，到达目标区域完成要求的任务，包括机体、动力装置、飞行控制与管理设备等。

（2）任务设备分系统：完成要求的侦察、校射、电子对抗、通信中继、对目标的攻击和靶机等任务。根据任务需要，可以配备战场侦察校射设备、电子对抗设备、通信中继设备、攻击任务设备、电子技术侦察设备、核生化探测设备、战场测量设备、靶标设备等。

（3）测控与信息传输分系统：通过上行信道，实现对无人机的遥控；通过下行信道，完成对无人机状态参数的遥测，并传回侦察获取的情报信息。该分系统包括无线电遥控/遥测设备、信息传输设备、中继转发设备等。

（4）指挥控制分系统：完成指挥、作战计划制定、任务数据加载、无人机地面和空中工作状态监视和操纵控制，以及飞行参数和情报数据记录等任务。该分系统包括飞行操纵与管理设备、综合显示设备、地图与飞行航迹显示设备、任务规划设备、记录与回放设备、情报处理与通信设备、其他情报和通信信息接口等。

（5）发射与回收分系统：完成无人机的发射（起飞）和回收（着陆）任务。该分系统包括与发射（起飞）和回收（着陆）有关的设备或装置，如发射车、发射箱、助推器、起落架、回收伞、拦阻网等。

（6）保障与维修分系统：主要完成系统的日常维护，以及无人机的状态测试和维修等任务。该分系统包括基层级保障维修设备、基地级保障维修设备等。

2.2.1 无人机分系统——操作人员

无人机系统分类较多，所适用空域远比有人驾驶航空器广阔，因此有必要对无人机系统驾驶员实施分类管理，根据民航局授权中国航空器拥有者及驾驶员协会（AOPA）对于完成训练并考试合格的人员颁发民用无人机驾驶员执照和民用无人机驾驶员合格证，按照驾驶员等级分为：视距内驾驶员、超视距驾驶员、教员。同时，无人机主要靠地面操作人员通过遥控器或者地面控制站操控无人机进行飞行，根据机型和任务的不同选择不同的操作方式。

1.视距内驾驶员

能够视距内飞行的驾驶员叫视距内驾驶员。视距内飞行指的是以操作人员为圆心，半径500米、高度120米的空间范围内进行飞行，如图2-1为视距内驾驶员日常训练。

图2-1　视距内驾驶员训练

2.超视距驾驶员

不仅可以视距内飞行，而且可以超视距飞行的驾驶员，叫超视距驾驶员。超视距飞行指的是以操作人员为圆心，半径500米、高度120米的空间范围外进行飞行。如图2-2为超视距驾驶员在学习地面操控课程。

图2-2　超视距驾驶员在学习地面操控课程

3.教员

具有带飞资质，可以指导学员进行超视距飞行，并且可以在其飞行经历记录本上签字证明其飞行经历的无人机等级的人员称为教员，如图2-3为教员在外场带飞学员。

图2-3　教员外场带飞

2.2.2 无人机分系统——遥控器操作

1. 遥控器

遥控器是指由驾驶员操纵，能够控制飞机起降和飞行的遥控设备。一般无人机的起降阶段都是由遥控器进行操控的，但是随着科技的发展，飞控的稳定性和智能程度越来越高，大有地面站操控代替遥控器操控的趋势。

市面上常见的遥控器控制原理都是一样的，主要使用2.4GHz发射频率，配套使用一个接收机，能够接收遥控器发射的信号。

控制无人机最少需要4个通道，能够保证无人机正常飞行，还有的遥控器设置很多其他的备用开关，用户可以自定义功能，如图2-4是市场上各种各样的遥控器。

图2-4　各类型无人机遥控器

除了起降阶段，视距内飞行也都是由遥控器进行操控的。

现在比较常见的视距内飞行的案例，主要有：无人机培训训练、航拍、电力巡线操作，如图2-5为无人机植保作业、图2-6为无人机飞手在进行航拍取景。

图2-5　无人机植保作业

图2-6　航拍取景

2. 多旋翼无人机遥控器功能介绍

多旋翼无人机遥控器一般包括开关键、遥控天线、摇杆等基础装置，但是会随着无人机具体的应用和功能而开发不同的按键。但基本结构都大致一样。如图2-7所示。

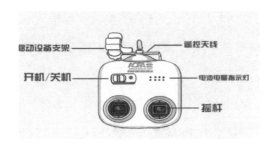

图2-7　多旋翼无人机遥控器面板

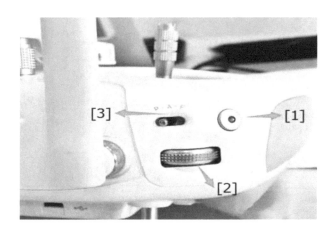

图2-8　多旋翼无人机遥控器（边侧1）

以某型无人机遥控器为例，如图2-8、图2-9、图2-10所示，遥控器的功能如下。

（1）视频录制按键：按下后开始录制视频，再按一次停止录。

（2）云台角度控制滚轮：左右滑动可调整相机的拍摄角度（垂直方向）。

（3）模式切换功能：用直白的话说，就是通过此功能按键而让飞机飞得更稳，无人机一般建议处在P档（类似于全自动），用于控制无人机的悬停，尤其是入门用户。其不同的模式（P-A-F）切换功能如下。

P模式（定位）：使用GPS模块或视觉定位系统以实现飞行器精确悬停。根据GPS信号接收强弱状况，P模式在以下三种状态中动态切换：

P-GPS：GPS卫星信号良好，使用GPS模块实现精确悬停，

P-OPTI：GPS卫星信号欠佳或在室内无GPS，使用视觉定位系统实现精确悬停，

P-ATTI：GPS卫星信号欠佳，且不满足视觉定位条件，仅提供姿态增稳，

A模式（姿态）：不使用GPS模块与视觉定位系统进行定位，仅提供姿态增稳，若GPS卫星信号良好可实现返航。

F模式（功能）：视觉定位系统关闭，使用 GPS 模块实现悬停，可使用智能航向功能（IOC）功能。

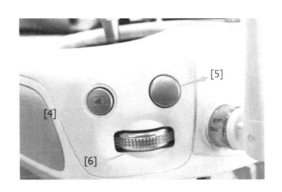

图2-9　多旋翼无人机遥控器（边侧2）

（4）回放按键：短按实现回放功能，短按一次可通过无人机配套的vApp回放相片或者视频，再次短按则返回到拍照或录影模式。

（5）拍照按键：按下此按钮可以实现拍照功能。

（6）相机设置功能：可设置相机参数，可配合回放按键实现照片翻页查看功能。

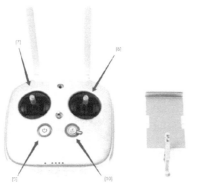

图2-10　遥控器正面示意图

（7）＆（8）左摇杆和右摇杆，具体操作见下图2-11（默认美国手操作）；

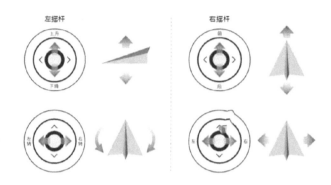

图2-11　左/右摇杆示意图

（9）电源按键：短按检查电量，长按打开遥控器电源并与飞行器连接。

（10）智能返航按键：长按此按键直至听到蜂鸣声激活智能返航功能，返航指示灯白灯常亮表示飞行器正在进入返航模式，飞行器将返航至最近一次记录的返航点。在返航过程中，用户仍然可通过遥控器控制飞行。短按此按键即可推出返航功能，重新获得控制权。

由于遥控器面板上的功能通道排列不同，遥控器一般可以分为"美国手""日本手""中国手"三种类型。不同类型的功能通道排列如图2-12、图2-13、图2-14所示。

图2-12　"美国手"功能通道排列示意图

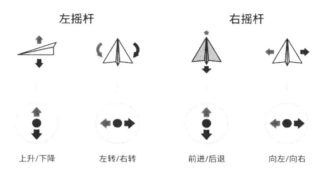

左摇杆　　　　　　　　右摇杆

上升/下降　　左转/右转　　前进/后退　　向左/向右

图2-12 "美国手"功能通道排列示意图（续）

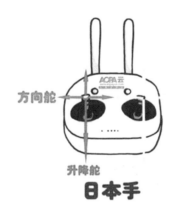

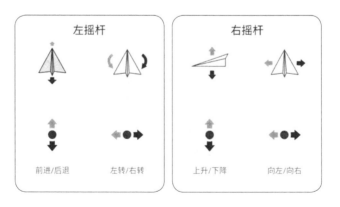

图2-13 "日本手"功能通道排列示意图

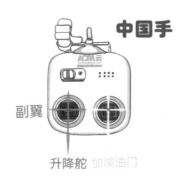

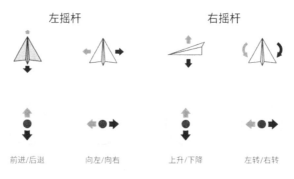

图2-14 "中国手"功能通道排列示意图

　　"中国手"的说法并不像另外两种说法普遍，而且飞手中使用"中国手"的也比较少。而说到关于"美国手"与"日本手"的命名的缘由，其实是沿用了航模领域固定翼的叫法。

　　无人机遥控器四个通道负责操控无人机的动作。

　　（1）第一通道：一般指副翼（Aileron），用来控制固定翼的两片副翼，以改变飞机的姿态。在多旋翼里，用来控制和改变机身横滚方向的姿态变化。

　　（2）第二通道：指升降（Elevator），用来控制固定翼的水平尾翼，使机身抬头和低头，从而上升下降。多旋翼里，升降通道是用来控制机身前进与后退的。"美国手"右边摇杆向上推，机身向前飞行；向下拉，机身向后退。"日本手"则是左边摇杆的上下控制飞机前进与后退。

（3）第三通道：指油门通道（Throttle），顾名思义，是用来控制发动机或电机转速的。"美国手"是左边摇杆的上下控制油门大小，摇杆向上推，电机转速增加，固定翼飞机飞行速度增加，多旋翼则是向上拉升。"日本手"遥控器的右边摇杆，它的上下是用来控制油门输出。

（4）第四通道：指方向舵（Rudder），固定翼里是用来控制垂直尾翼的，从而改变机头朝向。多旋翼里也是用于改变机头朝向，只是我们在飞的时候，更直观的感受是机身在做自旋转，所以，我们平时也大多称方向舵为"旋转"。"美国手"是左边摇杆左右摆动控制机头朝向，这一点与"日本手"一样。

目前来说，早期国内飞手使用"日本手"的比较多，主要是由于早年间大多数无人机飞手都具有航模飞行经验，而对于固定翼航模来说其采用"日本手"更利于把握飞机的飞行。但是考虑到对于多旋翼无人机而言，将水平移动的功能放置于同一个右摇杆上的"美国手"更符合普通人对于操作上的认知，因而目前大多数民用、消费级的无人机的遥控器默认为"美国手"操控，当然通常也可通过软件来调整控制方式。

2.2.3　无人机分系统——航空器

无人机系统所使用的航空器，即无人机，一般都是重于空气的航空器。

从飞行平台本身的技术来讲，无人机和有人机并无本质上的区别，都是应用最基本的空气动力学原理，而且很多无人机都借鉴了有人机的设计特点。但是相比于有人机，无人机有很多特别之处，主要体现在：

（1）无人机上没有驾驶员在飞机里进行操控，省去了驾驶舱，使得平台规模可以做得更小；

（2）通过核算成本，可以考虑一个比较合适的使用寿命；

（3）可靠性指标比较宽松，不需要考虑人的因素；

（4）对场地和机务的要求比较低，一般都是飞手自行对无人机进行常规保养即可；

（5）训练可以多依赖模拟器，节省成本；

（6）第三视角飞行，而且主要是在地面观察飞机情况。

按照飞行平台构型不同，无人机平台可以分为固定翼无人机平台、旋翼无人机平台、直升机平台、垂直起降固定翼无人机平台、扑翼机无人机平台等。

1.固定翼无人机平台

固定翼无人机即平常我们看到的飞机，它的机翼是固定不动的，由飞机上安装的发动机或者螺旋桨产生前进的推力或者拉力，机翼产生升力。它只能向前飞行，不能够悬停或者向后飞行，如图2-15为一款手抛起飞的固定翼无人机。

图2-15　手抛起飞的固定翼无人机

常规的固定翼无人机主要的机体结构包含：机身、机翼、尾翼、起落架、动力装置、舵机等。

（1）机身：机身的主要功用是装载人员、货物、设备、燃料和武器等，也是飞机其他结构部件的安装基础，将尾翼、机翼及发动机等连接成一个整体。但飞翼机是个例外，它的机身被隐藏在其机翼的内部。同时，机身也是主要设备的挂载舱。

（2）机翼：机翼是飞机产生升力的部件，机翼后缘有可操纵的活动面，靠外侧的叫作副翼，用于控制飞机的滚转运动，靠内侧的则是襟翼，用于增加起飞着陆阶段的升力。机翼内部通常安装油箱，机翼下面则可供挂载副油箱和武器等附加设备。有些飞机的发动机和起落架也被安装在机翼下方。

根据伯努利定律，机翼的上半部较下半部突起，以机翼侧面剖面来看这让机翼上半部气流的流动路线比下半部长，因此机翼上半部气流流动速度较下半部快，气压较小，飞机在跑道上冲刺到一定速度后这气压压力差就产生足够升力让飞机起飞。机翼有各种形状，数目也有不同。在航空技术不发达的早期为了提供更大的升力，固定翼机以双翼机甚至多翼机为主，但现代飞机一般是单翼机。

（3）尾翼：尾翼是用来平衡、稳定和操纵飞机飞行姿态的部件，通常包括垂直尾翼（垂尾）和水平尾翼（平尾）两部分。垂直尾翼由固定的垂直安定面和安装在其后部的方向舵组成，水平尾翼由固定的水平安定面和安装在其后部的升降舵组成，一些型号的飞机升降舵由全动式水平尾翼代替。方向舵用于控制飞机的航向运动，升降舵用于控制飞机的俯仰运动。

（4）起落架：起落架是用来支撑飞机停放、滑行、起飞和着陆滑跑的部件，由支柱、缓冲器、刹车装置、机轮和收放机构组成。陆上飞机的起落装置一般由减震支柱和机轮组成，此外还有专供水上飞机起降的带有浮筒装置的起落架和雪地起飞用的滑橇式起落架。

（5）动力装置：飞机的动力装置的核心是航空发动机，主要功能是用来产生拉力或推力克服与空气相对运动时产生的阻力使飞机前进。次要功能则是为飞机上的用电设备提供电力，为空调设备等用气设备提供气源等。飞机的动力装置除发动机外，还包括一系列保证发动机正常工作的系统，如发动机燃油系统、发动机控制系统等。

现代飞机的动力装置一般为涡轮发动机（喷气发动机）和活塞发动机两种。应用较广泛的配置方式有四种：航空活塞式发动机加螺旋桨推进器；涡轮喷射发动机；涡轮螺旋桨发动机；涡轮风扇发动机。随着航空技术的发展，火箭发动机、冲压发动机、原子能航空发动机、脉冲爆震发动机等，也有可能会逐渐被采用。

（6）舵机：是指在自动驾驶仪中操纵飞机舵面（操纵面）转动的一种执行部件。分有：①电动舵机，由电动机、传动部件和离合器组成。接受自动驾驶仪的指令信号而工作，当人工驾驶飞机时，由于离合器保持脱开而传动部件不发生作用。②液压舵机，由液压作动器和旁通活门组成。当人工驾驶飞机时，旁通活门打开，由于作动器活塞两边的液压互相连通而不妨碍人工操纵。此外，还有电动液压舵机，简称"电液舵机"。

随着电子技术的发展，飞行操纵装置的形式也发生了根本性的变化。在大型固定翼机中，传统的机械式操纵系统已逐渐地被更为先进的电传操纵系统所取代，计算机系统全面介入飞行操纵系统，驾驶员的操作已不再像是直接操纵固定翼机动作，而更像是给固定翼机下达运动指令。由于某些采用电传操纵系统的固定翼机取消了原有的驾驶杆或驾驶盘等装置而改为侧杆操纵，驾驶舱的空间显得比以往更加宽松，所以有些驾驶员称此类驾驶舱为"飞行办公室"。

2.旋翼无人机平台

旋翼无人机平台,即无人机通过旋翼转动获得升力,从而实现各种运动的一类无人机平台。由于旋翼数量的不同,可以分为直升机和多旋翼两大类。

多旋翼无人机,也可叫作多轴无人机,根据螺旋桨数量,又可细分为四旋翼、六旋翼、八旋翼等。一般认为,螺旋桨数量越多,飞行越平稳,操作越容易。多旋翼无人机具有可折叠、垂直起降、可悬停、对场地要求低等优点,被广大民众所青睐。如图2-16为六旋翼无人机。

图2-16　六旋翼无人机

多旋翼无人机主要有以下特征。

(1)模块化

机体各部件采用平台化、标准化的模块式设计,增强了易用性与可维护性;能快速更换有效载荷以满足不同应用的需求,并且能有效缩短故障修复时间。

(2)高稳定可靠性

高效冗余的四轴八桨动力结构设计与飞行姿态智能保护系统的完美配合造就了多旋翼的高稳定和可靠性,当1~2只电机或桨叶出现故障时,飞行姿态智能保护系统会及时调整机身姿态,保持无人机的稳定飞行。

（3）全方位拍摄视野

可收放式起落架和高精度自稳定云台的配合，能实现360°无遮挡全方位拍摄高清晰度的影像。

（4）全天候飞行

多旋翼无人机机体、动力设备等通过一种特殊设计与特殊材料的结合，使无人机飞行阻力较小且能满足长航时适应较恶劣的雨雪天气情况的飞行要求。现如今多旋翼慢慢地成为飞行的主要机型，如图2-17，以前航拍一般都是有人机航拍或者大型无人机挂载摄像机航拍，而现在多旋翼越来越多地应用到航拍工作中去。

图2-17　多旋翼航拍无人机

3.直升机平台

直升机平台通常是由一个水平旋转的旋翼提供升力和推力而进行飞行的航空器。和固定翼相比，直升机具有可以垂直升降、可以悬停、可以小速度前飞或后飞等特点，这些特点让直升机可以在某些特定的行业得到广泛应用。但是，直升机也具有飞行时长较短、航程较短等缺点，如图2-18为各种型号的直升机。

图2-18 各类型直升机

直升机产生升力的原理和固定翼的机翼是一样的,但是运行的方式不一样。固定翼的机翼是固定不动的,通过飞行器向前飞行而产生机翼与气流的相对运动产生升力;但是,直升机是由旋翼旋转产生旋翼与气流的相对运动,进而产生升力的。和固定翼产生升力不同的是,直升机在产生升力的同时,也产生了一个和旋翼旋转方向相反的反扭力,这个力可以使直升机机体产生自旋,为了克服自旋现象,需要在机尾增加一个小的旋翼,即尾翼,图2-19为直升机执行作业任务前检查。

图2-19 直升机执行作业任务前检查

4.垂直起降固定翼无人机平台

变模态无人机平台，是指既有固定翼平台的特点，又有旋翼平台的特点，这里特指最近两年新兴起的机型：垂直起降固定翼无人机平台。

垂直起降固定翼是一款能够垂直起飞和降落，但是又同时拥有固定翼飞行平台特点的一款无人机。由于其兼具多旋翼和固定翼的特点，作业时对起降场地要求较低、作业载重量大、航行时间长，深受行业用户，尤其是航测领域用户的青睐，如图2-20为一款翼展达到3米的垂直起降固定翼无人机。

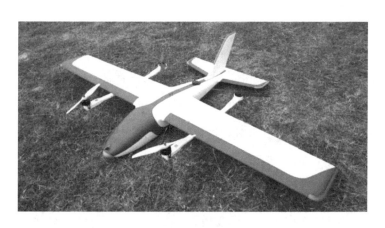

图2-20　垂直起降固定翼无人机

5.扑翼机无人机平台

扑翼机无人机平台是指通过像鸟类那样上下扑动翅膀而产生升力的一种航空器，属于仿生学的机械。由于其涉及工程力学和空气动力学的问题太过复杂，很少有市场化的扑翼机被应用，目前仍然属于实验室阶段，如图2-21为青少年教育使用的扑翼机的教具。

图2-21 扑翼机教具

2.2.4 无人机分系统——地面站系统

地面系统主要是指具有对无人机飞行平台和任务载荷进行监控和操纵的能力,包含对无人机发射和回收控制的一组设备,主要是指遥控器和地面控制站,同时有条件的团队还包括配备的地勤人员。我们已经在2.2.1小节中详细介绍了遥控器系统,下面重点介绍地面控制站和地面配备人员。

1.地面控制站

无人机地面控制站是整个无人机系统非常重要的组成部分,是地面操作人员直接与无人机交互的渠道。它包括任务规划、任务回放、实时监测、数字地图、通信数据链在内的集控制、通信、数据处理于一体的综合能力,是整个无人机系统的指挥控制中心。

地面站是地面上的基站,即指挥无人驾驶飞行器的基站(如图2-22所示)。地面站可分为单点地面站或多点地面站。例如,民航机场是地面站,一个国家甚至世界上的所有地面站一直相互连接。他们可以清楚地知道在天空中飞行的飞机，并且可以随时监控飞机的当前飞行路线和状况以及飞机的调度。

一般来说，它是一台电脑（手机、平板电脑）、一个无线电台和一个遥控器。电脑（手机、平板电脑）装有控制飞机的软件。飞机的飞行路线通过路线规划工具进行规划，并设置飞行高度、飞行速度和飞行位置。地面站作为整个无人机系统的作战指挥中心，其控制内容包括：飞行器的飞行过程，飞行轨迹，有效载荷的任务功能，通信链路的正常工作，以及飞行器的发射和回收。它除了完成基本的飞行与任务控制功能外，同时也要求能够灵活地克服各种未知的自然与人为因素的不利影响，适应各种复杂的环境，保证全系统整体功能的成功实现。

无人机地面控制站操作主要是指操作人员不通过遥控器，直接通过地面控制站操控无人机飞行。图2-22所示一款地面控制站及其软件系统。

地面站系统应具有下面几个典型的功能：

（1）飞行监控功能：无人机通过无线数据传输链路，下传飞机当前各状态信息。地面站将所有的飞行数据保存，并将主要的信息用虚拟仪表或其他控件显示，供地面操纵人员参考。同时根据飞机的状态，实时发送控制命令，操纵无人机飞行。

（2）地图导航功能：根据无人机下传的经纬度信息，将无人机的飞行轨迹标，注在电子地图上；同时可以规划航点航线，观察无人机任务执行情况。

（3）任务回放功能：根据保存在数据库中的飞行数据，在任务结束后，使用，回放功能可以详细地观察飞行过程的每一个细节，检查任务执行效果。

（4）天线控制功能：地面控制站实时监控天线的轴角；根据天线返回的信息，对天线校零，使之能始终对准飞机，跟踪无人机飞行。

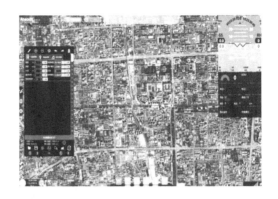

图 2-22　一款地面控制站及其软件系统

2. 地勤配备

有些特殊的任务团队会配备一定的地勤人员，比如航拍团队会配备一名观察员，主要负责观察飞机飞行时是否容易发生危险，同时兼任维护地面秩序的职能；植保团队也会配备一些地勤人员，主要负责飞机的加药、换电池、飞机的清洁等，如图 2-23 为地勤人员正在给植保机换电池。

图 2-23　地勤人员为植保机更换电池

2.2.5 无人机分系统——任务载荷

任务载荷，是指那些装备到无人机上为完成任务的设备，包括执行电子战、侦察和武器运输等任务所需的设备，如：相机、信号发射机、传感器、激光雷达、喊话器等；但不包括飞行控制设备、数据链路和燃油等。无人机的任务载荷的快速发展极大地扩展了民用无人机的应用领域，无人机根据其功能和类型的不同，其上装备的任务载荷也不同。随着无人机在行业应用的发展，越来越多的载荷类型被开发出来并投入使用。

1.航拍领域任务载荷

越来越多的无人机航拍被应用，无论是从电影、电视、广告的画面，到大型晚会、人型体育赛事的直播，还是环境监察人员执法取证等，都离不开航拍无人机的应用，挂载设备主要是可见光吊舱，云台相机等；如图2-24为航拍用变焦云台相机。

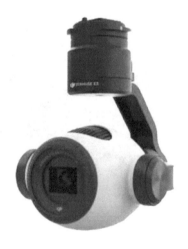

图2-24　航拍用变焦云台相机

2.航测领域任务载荷

航测，现在也叫摄影测量与遥感。属于测绘科学中的遥感科学，遥感科学与技术是在空间科学、电子科学、地球科学、计算机科学以及其他学科交叉渗透、相互融合的基础上发展起来的一门新兴边缘学科，它利用非接触传感器来获取有关目标的时空信息。不仅着眼于解决传统目标的几何定位，更为重要的是对利用外层空间传感器获取的影像和非影像信息进行语义和非语义解译，提取客观世界中各种目标对象的几何与物理特征信息，从而为人们认识自然和改造自然提供科学的技术和方法；为国家和部门的重大决策及社会可持续发展提供科学依据和决策保障；为国防建设和国家安全提供可视化的军事情报服务。同时无人机航测可广泛应用于国家重大工程建设、灾害应急与处理、国土监察、资源开发、新农村和小城镇建设等方面，主要挂载的载荷有：正射相机、倾斜摄影相机、激光雷达等，如图2-25为倾斜摄影相机云台。

图2-25　倾斜摄影相机云台

3.农林领域任务载荷

农用无人机让农民从天上看到他们的田地，了解灌溉、土壤变化、害虫和真菌感染等问题。拍摄的多光谱图像可以显示近红外视图和可见光谱视图，从而向农民展示出健康植物和不健康植物的区别，而且这种区别平时并不能用肉眼清晰看见。由此，可以使用这些视图帮助评估农作物的生长和产量。

同时，无人机搭载的喷洒设备可以对农作物或森林植被进行药物或肥料喷洒，以达到保护作物不受病虫侵害的目的。主要挂载的载荷是药箱和喷杆，无人机可以通过水泵把农药均匀地喷洒到叶面上；同时，现在又有一种新型的植保类无人机，农药能够以迷雾的形式达到植物叶面上，如图2-26为迷雾植保无人机、图2-27为水剂植保无人机，另外还有粉剂、油剂类植保无人机。

图2-26　迷雾植保无人机

图2-27　水剂植保无人机

4.环境监测任务载荷

环境监测目前应用主要有两方面：河道监测和大气环境监测。河道监测主要是飞机沿河道飞行，绘制河道及周围环境的图像，和航空测绘有一定的交叉；主要挂载空气监测载荷，然后升空到一定高度，监测该位置的大气环境，如图2-28为多旋翼平台挂载激光雷达设备。

图2-28 挂载激光雷达设备无人机

5.电力行业任务载荷

电力行业主要应用是电力巡线，其中包含巡线、巡塔、巡太阳能板，应用的吊舱有可见光吊舱、可见光高倍吊舱、红外吊舱，如图2-29为电力清障无人机。

图2-29 电力清障无人机

6.安防领域任务载荷

安防系统应用比较广泛，武警、交警、公安、救援队等都有可能用到，载荷都是针对应用场景开发的，有喊话载荷、救援脱钩载荷、照明载荷、灭火弹载荷、烟幕弹载荷、监测设备、跟踪设备等，图2-30就是在无人机上挂载喊话和可见光监控吊舱。

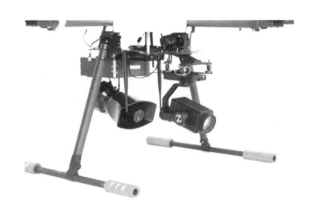

图2-30　挂载喊话和可见光监控吊舱的无人机

2.2.6 无人机分系统——数据链路系统

数据链传输系统负责完成对无人机系统遥控、遥测、跟踪定位和传感器传输。数据链分为上行数据链和下行数据链，如图2-31为无人机使用上下行链路的地面端。上行数据链是指将地面操作人员动作指令传送给无人机，实现对无人机遥控，主要用72MHz、433MHz、2.4GHz，图2-32是上行链路的地面端；下行数据链就是所谓的图传系统，将任务载荷收集到的数据传送给地面，实现地面控制人员对任务的实时了解，主要用1.2GHz、2.4GHz、5.8GHz，如图2-33就是无人机上图传下行链路的图像采集摄像头；另外还有一条地面站与飞机双向数传链路，主要用900MHz、2.4GHz。普通无人机大多采用定制视距数据链，而中高空、长航时无人机则都会采用"视距数据链"甚至是"超视距卫星通信数据链"。如图2-34是无人机上安装的GPS天线，主要是和卫星进行通信，也可以算作链路的一种。

图2-31　上下行链路地面端

图2-32　上行链路地面端

图2-33　图传下行链路的图像采集摄像头

图2-34　无人机GPS天线

无人机视距数据链，可以在无线电视距内完成对无人机及其任务荷载的遥控、遥测、跟踪定位和信息传输任务。现有的（如LINK）和新型的（TTNT）数据链虽然功能强大，由于地球表面弯曲，使用视距方式进行无线电波数据传输的有效距离受到限制。若要进行超视距通信时，除采用较不可靠的HF波段利用电离层传播外，较好的方式是利用卫星作为通信中继站，将信息传送到视距以外的地方。

无人机数据链未来向着高速、宽带、保密、抗干扰的方向发展。随着机载传感器、定位的精细程度和执行任务的复杂程度不断上升，对数据链的带宽提出了很高的要求，随着机载高速处理器的突飞猛进，预计几年后现有射频数据链的传输速率将翻倍，还可能出现激光通信等方式。

网络化趋势是未来无人机发展的热点之一。网络中心战要求将军队的所有侦察探测系统、通信联络系统、指挥控制系统和武器系统，组成一个以计算机为中心的信息网络体系。如果充分发挥无人机数据链具有宽带高速的特点，可在无人机巡航期间，无人机平台成为网络中的一个节点，通过它连接到"全球信息栅格"的多个节点中去，充当网络路由器。

目前世界上无人机的频谱使用主要集中在UHF、L和C波段上，其他频段也有零散分布。目前我国工信部无线电管理局初步制定了《无人机系统频率使用事宜》，其中规定如下。

840.5~845MHz频段可用于无人机系统的上行遥控链路，其中，841~845MHz也可采用时分方式用于无人机系统的上行遥控和下行遥测信息传输链路。

1430~1446MHz频段可用于无人机系统下行遥测与信息传输链路，其中，1430~1434MHz频段应优先保证警用无人机和直升机视频传输使用，必要时1434~1442MHz也可以用于警用直升机视频传输。无人机在市区部署时，应使用1442MHz以下频段。

2408~2440MHz频段可用于无人机系统下行链路，该无线电台工作时不得对其他合法无线电业务造成影响，也不能寻求无线电干扰保护。

2.3 多旋翼无人机及其组成

2.3.1 多旋翼飞行器及其组成

多旋翼飞行器也称多轴飞行器，是一种具有三个及三个以上旋翼轴的特殊直升机。多轴飞行器的每个"轴"上一般连接一个电调，一个电机，电动机转动带动旋翼产生升推力。多旋翼飞行器是一种重于空气的航空器，主轴需要动力驱动的都可以划归为直升机，因此，我们也可以认为，多旋翼是一种重于空气的具有多个旋翼的直升机。

1.多旋翼的系统组成

多旋翼飞行器系统主要包括：机体结构、飞行控制系统、动力系统、机载链路系统。

（1）机体结构

机体结构是其他所有机载设备、模块的载体。多旋翼典型的机体结构包括：机架、支臂、云台、脚架等。

机架：装载各类设备、动力电池或燃料，同时它是其他结构部件的安装基础。

支臂：机架结构的延伸，用以扩充轴距，安装动力电机，有些多旋翼的脚架也安装在支臂上。

云台：任务设备的承载结构。

脚架：用来支撑停放、起飞和着陆的部件。

（2）飞行控制系统

无人机飞行控制系统全称无人机导航飞行控制系统，简称飞控，多轴飞行器的飞控指的是机载导航飞控系统，又称自动驾驶仪，它包含飞行控制子系统和导航子系统两部分。飞行控制子系统包含角速度传感器、姿态传感器、加速度计等，用来调整飞行姿态；导航子系统包含空速传感器、高度计、位置传感器，用来定位飞机位置。

①飞行控制系统硬件——多旋翼飞控板

多旋翼飞行控制系统全部集成在一块电路板上，我们称之为飞控板。飞控板可集成全部的传感器：3轴角速度陀螺仪、3轴加速度计、3轴磁力计、高度计、GPS接收机以及计算单元。

②飞行控制系统硬件——IMU惯性导航传感器

IMU惯性导航传感器是DOF（Degree Of Freedom，自由度）系统的核心，为多旋翼提供姿态、速度和位置等参数，全称"惯性测量单元"。是测量物体三轴姿态角（或角速率）以及加速度的装置。一个IMU包含了三个单轴的加速度计和三个单轴的陀螺仪，加速度计检测物体在载体坐标系统独立三轴的加速度信号，而陀螺检测载体相对于导航坐标系的角速度信号，IMU测量物体在三维空间中的角速度和加速度，并以此解算出物体的姿态。在导航中有着很重要的应用价值。为了提高可靠性，还可以为每个轴配备更多的传感器。一般而言IMU要安装在被测物体的重心上，如图2-35为一款IMU传感器。

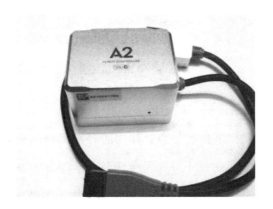

图2-35　一款IMU传感器

③飞行控制系统硬件——GPS接收机

GPS接收机获取无人机的位置信息，在多轴飞行器GPS定位中，最少需要达到4~5颗卫星，才能够在飞行中保证基本的安全。其工作原理是各个卫星与地面GPS接收机都有统一的标准时间，各个卫星向外广播发送这个时间及本颗卫星的位置（星历），地面GPS接收机根据收到的各个卫星位置与时间差反推计算出自己的位置。GPS天线应尽量安装在飞行器顶部。大多数多轴飞行器自主飞行过程利用GPS实现位置的感知，图2-36为无人机上常用的GPS接收机。

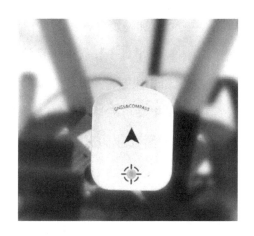

图2-36　GPS接收机

④飞行控制系统硬件——磁力计

磁力计为多旋翼提供角度信息，其功能等同于指南针。多轴飞行器在没有发生机械结构改变的前提下，如发生漂移，不能直线飞行时，通常就需要校准磁罗盘。如果无人机发生远距离转场，尤其是东西方向的远距离转场，必须校准磁罗盘，如图2-37为磁力计模块。

图2-37　磁力计模块

⑤飞行控制系统软件

飞行控制系统软件是烧录在飞控硬件上计算单元以及各型传感器上的程序或算法，是飞行控制系统的灵魂。原始的传感器信息通过飞行软件的处理变成有用的信号，以及根据这些信号产生控制指令，完成各种飞行任务。

目前多轴飞行器飞控市场上比较流行的有以下几种。

AheadX 飞控：AheadX 飞行控制系统具有开源的优势，配有专门的地面站软件，配备工业级处理器，性能优越，具备导航数据接口，内减震设计，接口丰富，内置 AxFusion 传感器融合算法和标定技术，组合四余度经过校正的 IMU、双余度磁罗盘、双余度空速计、双余度气压计、双余度卫星接收机，获得高精度的位姿数据，并通过可人工干预的自动余度管理技术，提高了整个无人机的运动信息反馈的可靠性。姿态测量精度静态可达 0.05°，动态可达 0.1°。可以完成各项无人机行业应用和飞行任务，也是山西航院无人机培训基地训练用无人机配套飞行控制系统，可以达到提高训练效率，增加学员考试通过率的效果。

KK 飞控：只使用三个基本的单轴陀螺仪，价格便宜，结构简单，但不能进行姿态控制及 GPS 控制。

APM 飞控：APM 飞控配有专门的地面站软件，可以实现各种姿态之间的切换，但是调试难度较高，非专业人员很难调稳。

MWC 飞控：MWC 飞控价格便宜，结构简单，但是性能不如 AheadX 等飞控稳定。

DJI NAZA 飞控：DJI NAZA 飞控是闭源飞控，性能稳定，功能齐全且易于控制，但是价格昂贵，是前几年比较主流的商业飞控。

PX4 和 PIXHawk：PX4 和 PIXHawk 飞控有点类似于 APM 飞控，是开源飞控且配有地面站软件，固件代码结构好，利于二次开发，但是不如 APM 代码成熟。

多轴飞行器飞控软件使用中要特别注意软件版本、各通道正反逻辑设置。

（3）动力系统

多旋翼无人机动力系统的组成为：螺旋桨、电机、电调、电池，如图2-38所示。

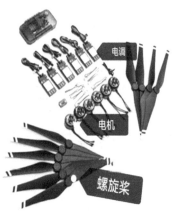

图2-38　多旋翼无人机动力系统

①动力系统——螺旋桨

螺旋桨是安装在电机上为多旋翼无人机提供升力的装置。螺旋桨是一个旋转的翼面，适用于机翼的空气动力学原理。产生升力的大小依赖于桨叶的平面形状、螺旋桨叶迎角和电机的转速。多轴飞行器常用螺旋桨的剖面形状凹凸型，更接近于固定翼飞机螺旋桨。

当桨叶旋转时，桨尖的线速度大于桨根处的线速度，为了使从毂轴到桨尖产生一致的升力，螺旋桨叶设计为负扭转：桨根处迎角大于桨尖处迎角，即桨根处升力系数大于桨尖处升力系数，如图2-39所示。

图2-39　桨叶升力示意图

一般的工业级多旋翼无人机大多选用两叶桨，因为同一架多轴飞行器，在同样做好动力匹配的前提下两叶桨的效率高。三叶桨的动力强劲，但因为需要抵消更多的旋转阻力，效率比两叶低，需要高速飞行或需要快速改变飞行姿态的穿越机大多使用三叶桨。

多旋翼为了抵消单个螺旋桨的反扭矩，各个桨的旋转方向是不一样的，所以作出规定，顶视（俯视）逆时针旋转的螺旋桨是正桨，用CCW表示；顶视（俯视）顺时针旋转的螺旋桨是反桨，用CW表示，如图2-40所示为常规碳纤维桨叶。

图2-40　常规碳纤维桨叶

螺旋桨的使用需关注其与电机的匹配问题。特别更换大尺寸螺旋桨时，转速变慢、螺旋桨桨盘载荷变小，但升力不一定变大。另，螺旋桨尺寸过大，起飞后桨的惯性大大增加，动力系统无法及时响应飞控的输出，飞控又对电调持续输出修正信号使飞控电流过大，造成损坏。螺旋桨叶总距不变，电机功率变大且桨叶直径变大才有可能会提高多轴飞行器的载重。

②动力系统——电机

多轴飞行器动力系统多为电动系统，因为电动系统形式简单且电机速度响应快。主要使用外转子三相交流无刷同步电动机。

无刷电机去除了电刷，运转时摩擦力大大减小，所以无刷电机的效率较有刷电机更高，如图2-41为有刷直流电机，图2-42为三项无刷交流电机。

图2-41　有刷直流电机　　　　　图2-42　三项无刷交流电机

多轴飞行器使用的电机都是交流电机，电机通过三根线和电调连接，从电调取电，一般如果想要电机反向旋转，只需要把三根线中的两根互换一下即可。

电机规格一般的表示方法是四位数字+kv值参数组合，例如：7015 kv330电机，表示电机内定子直径是70mm，内定子高度是15mm（内定子即绕线圈部分），如图2-43即为电机的内定子。

直径大、高度小的电机通常称为短粗电机，特点是转速慢，扭力大；直径小、高度大的电机（例如1840电机）通常称为细长电机，特点是转速快，扭力小。

图2-43　电机内定子

kv值：是表示电机转速能力的值，它表示每外加1V电压，电机每分钟增加的空转转速。电机的转速只和kv值和电压有关系，即：转速=kv值×电池电压V。

电机与螺旋桨的匹配，电机、螺旋桨与多旋翼整机的匹配，都是非常复杂的问题，所以建议采用经验配置。

一般采用选布局—选桨—选电机—选电调—选电池这样的步骤。大螺旋桨用低kv电机，小螺旋桨高kv电机；选择动力冗余配置。六轴、八轴飞行器具有一定的冗余度，即某一个电机发生故障时，只需将对角电机做出类似停止，仍保留动力完成降落或返航。

③动力系统——电调

电调是电子调速器的简称，英文缩写是ESC。其作用是根据飞控的控制信号，将电池的直流输入转变成一定频率的交流输出，用于控制电机转速和扭力。多轴飞行器使用的电调通常被划分为有刷电调和无刷电调，多轴飞行器一般使用无刷电调，如图2-44所示。

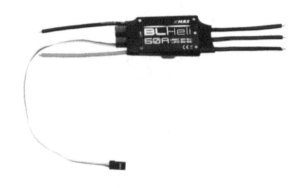

图2-44　无刷电调

　　电调上一共有8根线，如图2-45所示，最粗的红线和黑线用来连接动力电池；较细的白红黑3色排线，也叫杜邦线，用来连接飞控；另一端3根单色线连接电机，如任意调换其中2根与电机的连接顺序，电机反向运转。

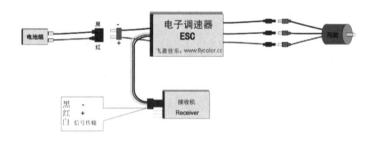

图2-45　电调链接示意图

　　电调上标有"100A"字样，如图2-46所示，意思是指电调所能承受的最大稳定工作电流是100A。一般多旋翼上我们选取悬停电流4倍到5倍规格的电调使用，这样可以给电流留够充足的余量。电调上标有BEC字样，意思是指电调能从杜邦线向外输出5V的控制电压给飞控供电，NO BEC表示没有给飞控供电的能力。4-6S Lipo是规定电调的电压范围，是以锂电池的片数来规定的。

图2-46　标有"100A"字样的电调

多轴飞行器电机与电调的匹配和测试是一大难题。因为电调输出的驱动交流相位与电机设计的如果不匹配，会造成堵转，导致严重后果。在常规飞行和小负载情况下，很多电机与电调的不兼容表现不明显。但在做大机动飞行或外界气流对转速干扰过大时，或人工快速调节油门杆时，可能会出现问题，表现为瞬间一个或多个电机驱动缺相，"咻"一声失去动力直接炸机。

要完全杜绝和排除此类问题也比较困难，因为现有的多旋翼，几乎都是开环结构，无法检测到每个电机是否转速正常。

建议最基础的测试电机与电调兼容性方案：在地面拆除螺旋桨，姿态或增稳模式启动，启动后油门推至50%，大角度晃动机身、快速大范围变化油门量，使飞控输出动力。仔细聆听电机转动声音，并测量电机温度，观察是否出现缺相，表现为电机抖动不能工作或转动物理且噪声大。

④动力系统——电池

多轴飞行器使用的动力电池一般为聚合物锂电池。它属于锂离子电池的一种。

锂离子电池优点：电压高，单体电池的工作电压高达3.7V~3.8V；循环寿命长，一般均可达到500次以上，安全性能好；比能量大，材料能达到理论值88%的比容量，即同样容量不同类型的电池，最轻的是聚合物锂电池，同样重量不同类型的电池，容量最大的是聚合物锂电池。

图2-47　一款16000mAh锂电池

电池容量：安时（Ah）或者毫安时（mAh）。如图2-47所示，例如，16000mAh表示以16000毫安放电，能够持续1小时。严格地讲，电池容量应该以Wh表示，Ah乘以电压就是Wh，例如，民航旅客行李中携带锂电池的额定能量超过160Wh严禁携带，如图2-48为锂电池后面标明的使用警告。

图2-48　锂电池标明的使用警告

充、放电倍率（C数）：一般锂聚合物电池有两个C数，例：穿越机电池一般为5c~30c，表示最大能够以5倍的额定电流充电，最大能够以30倍额定电流放电。

例1：如果16000mAh，6s1p锂聚合物电池以2c充电，求充电电流和充电时间。

电流 I = 额定电流 × 充放电倍率 c = 16a × 2c = 32a

$$时间 T = \cfrac{1}{充放电时间倍率 c} = 1/2h(单位小时)$$

$$时间 T = \cfrac{60}{充放电时间倍率 c} = \cfrac{60}{2} = 30min(单位分钟)$$

例 2：如果 10000mAh，6s1p 锂聚合物电池以 25a 放电，求放电倍率和放电时间。

$$倍率 c = \cfrac{放电电流}{额定电流} = \cfrac{25a}{10a} = 2.5倍$$

$$时间 T = \cfrac{额定电流}{放电电流} = \cfrac{10}{25} = 0.4h（小时）=24min（分钟）$$

电池电压：聚合物锂电池单体标称电压 3.7V，充电后电压可达 4.2V，放电后的保护电压 3.6V，一般电池长期不使用的情况下应该放电到 3.85V 保存。为了能有更高的工作电压和电量，必须对电池单体进行串联或并联电池组，电池组上 S 表示串联，P 表示并联。3S2P 字样，代表电池组先由 3 个单体串联，再将串联后的 2 组并联，

一般锂聚合物电池上都有 2 组线。1 组是输出线（粗，红黑各 1 根）；1 组是单节锂电引出线（细，与 S 数有关），用以监视平衡充电时的单体电压。

锂电池在使用时必须串联才能达到使用电压需要，因此聚合物电池需要专用的充电器，尽量选用平衡充电器。根据充电原理的不同分为串形式平衡充电器和并行式平衡充电器。

虽然锂电池是多旋翼的主要电源，但是，机载设备、遥控器等一些设备上还使用磷酸铁锂和镍镉电池等其他类型电池，注意镍镉电池在没有充分放电的前提下，不能够以大电流充电。

并行式平衡充电器使被充电的电池块内部每节串联电池都配备一个单独

的充电回路，互不干涉，毫无牵连；串行式平衡充电器主要充电回路接线是在电池的输出正负极上。如图2-49为一款平衡充电器。

图2-49　一款平衡充电器

（4）链路系统

民用多旋翼无人机的通信链路系统比较简单，就2~3条链：遥控链路、数传链路、图传链路。

遥控链路就是我们手里的遥控器和无人机上的遥控接收机构成的，其为上传的单向链路；我们发指令、飞机收指令；用于视距内控制飞机。多轴飞行时地面人员手里拿的"控"指的就是地面遥控发射机，多轴飞行器的遥控器一般有4个及以上通道。多轴飞行器上的电信号传播顺序一般为机载遥控接收机-飞控-电调-电机，如图2-50所示为行业比较常用的Futaba遥控器。

图2-50　Futaba遥控器

数传链路由笔记本连接的一个模块和飞机上的一个模块构成双向链路。我们发出修改航点等指令，飞机接收指令并做出相对应的动作；飞机发送位置、电压等信息，地面人员接收信息并决定是否控制飞机返航，一般用于视距外控制飞机。多轴飞行器上的链路天线应尽量远离飞控和GPS天线，并且应该向下安装，如图2-51为地面站和数传天线。

图2-51　地面站和数传天线

图传链路是由飞机上的图传发射模块和地面上的图像接收模块构成的，为下传的单向链路。飞机发送摄像机拍摄到的图像，地面人员进行接收，如图2-52为图传模块的组成件。

图2-52　图传模块的组成件

2.3.2 多旋翼的气动结构

由于多旋翼的桨平面是向上安装的，由螺旋桨直接提供机体所需的升力，而螺旋桨在旋转的时候又会产生反扭力，使无人机的机体向螺旋桨旋转的反向转向，为了克服这个反扭力，设计成两两对应的双数螺旋桨结构或者在单数螺旋桨上安装舵机。

按照要求和使用习惯不同，多旋翼可以设计成不同的气动结构，主要有：十字型、X字型、Y字型、H字型。

1. 十字型

优点：前后左右飞行控制比较直观，只需改变较少电机转速即可实现。但是有研究表明十字型布局的无人机风场比较稳定有序，所以有的植保类无人机会采用这种布局。

缺点：飞行正前方有螺旋桨，航拍等应用时会造成影响，如图2-53为不同轴数的十字型布局。

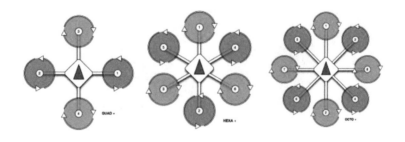

图2-53　不同轴数的十字型布局

2. X字型

X字型4轴飞行器右前方的旋翼一般多为俯视逆时针旋转。操纵升降和副翼时，一般会有多个电机参与，不论是操纵性还是稳定性，都要比十字型要好，如图2-54为不同轴数的X字型布局。

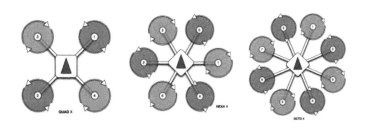

图2-54　不同轴数的X字型布局

3. Y字型

优点：动力组较少，成本低；外形炫酷，前方视线开阔。

缺点：尾旋翼需要使用一个舵机来平衡扭矩，增加了机械复杂性和控制难度。

4. H字型

H字型比较容易设计成折叠结构，拥有和X字型一样的特点且操纵性更强。一般比较小的机型比较偏好设计成H字型的布局，尤其是现在比较流行的穿越机，如图2-55所示。

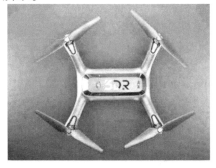

图2-55　H字型布局无人机

5. 其他布局

部分多旋翼会安装垂直尾翼，目的是增加高速前飞时的稳定性，但会减小悬停时的稳定性，如图2-56；部分多旋翼机臂会设计成上反角，目的是增加悬停时的稳定性，如图2-57。

图2-56 安装垂直尾翼的多旋翼机　　　　图2-57 机臂上反角设计

6. 多旋翼4/6/8轴布局的区别

单纯从气动效率出发，旋翼越大，效率越高，同样起飞重量的4轴飞行器比8轴飞行器的效率高，故轴数越多载重能力不一定越大。但是，受电机拉力和桨叶直径的影响，要达到目标起飞重量可能会优先选择增加轴数而减小单个动力参数的方案。

2.3.3 多旋翼机体结构布局

1. 无边框常规固定式布局

无边框常规固定式布局简单实用，强度好且质量轻。但是螺旋桨无保护装置，在飞行的时候不够安全，而且脚架影响机载设备视线。但是由于设计结构简单，大多数多旋翼无人机都采用这种结构，如图2-58。

图2-58 无边框常规固定式布局

2.带边框常规固定式布局

带边框常规固定式布局无人机多用于体积较小的消费级无人机，采用这种结构能够很好地保护飞机和周围环境的安全，特别适合新手和在复杂环境中飞行使用。但是由于额外增加了重量，会缩短飞行时间，如图2-59。

图2-59 带边框常规固定式布局

3.手动水平/垂直变现式布局

为了便于储存和运输，部分无人机设计成机臂可折叠的结构，这大大的减小了运输体积，提供了运输效率。一般比较大的工业级无人机比较常用到此类结构，如图2-60所示。

图2-60　手动水平/垂直变现式布局

4.自动脚架收放式布局

此类结构多用在拍照类无人机上，因为收起脚架会大大改善机体下面摄像头的视野，同时也会减小风阻。但是由于增加了机械机构，有可能会增加故障率，如图2-61。

图2-61　自动脚架收放式布局

5.自动整体变形式布局

此类结构现在只有大疆的悟Inspire系列无人机采用，在飞行中完成整体变形，变形后的无人机自带上反角结构，能够增加飞行的稳定性，同时脚架上升，改善了摄像头的视野，如图2-62。

图2-62 自动整体变形式布局

2.3.4 多旋翼无人机的运动姿态

1.垂直升降

以四旋翼无人机为例，通过控制四个旋翼的转速产生升力实现垂直运动或者悬停，且四个螺旋桨转速必须一致，如图2-63。

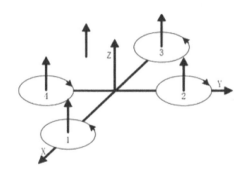

图2-63 垂直运动

2.俯仰运动

多旋翼无人机的俯仰运动和固定翼的俯仰运动不同。固定翼无人机机头下俯、飞机向下飞行，机头上仰、飞机向上飞行。而多旋翼在做俯仰运动的时候，机头下俯、飞机向前飞行，机头上仰、飞机向后飞行。

横轴前后侧的螺旋桨转速不同，可实现俯仰运动。如实现向后移动则横轴前侧的螺旋桨加速，横轴后侧的螺旋桨减速，如图2-64。

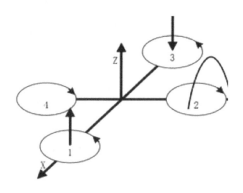

图2-64　俯仰运动

3.滚转运动

和多旋翼无人机的俯仰运动类似，多旋翼也可以实现滚转运动。当向左滚转时飞机向左平移，向右滚转时飞机向右平移。

纵轴左右侧的螺旋桨转速不同，可实现滚转运动。如实现向左移动则纵轴右侧的螺旋桨加速，纵轴左侧的螺旋桨减速，如图2-65。

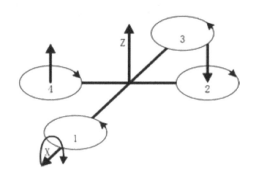

图2-65　滚转运动

4.偏航运动

多旋翼无人机的偏航运动指的是机头方向的改变。

多轴飞行器的旋翼旋转方向一般为俯视多轴飞行器两两对应，相邻旋翼旋转方向则相反，当转速一致时，可抵消反扭力矩。如：四旋翼飞行器上螺旋桨两两相对应。当相对的2个桨加速，另2个桨减速，反扭力矩不平衡，飞机改变航向，如图2-66。

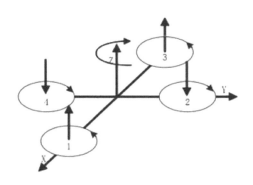

图2-66　偏航运动

※ 课后习题

1. 无人飞行器分系统主要包含：机体、（　　）、（　　）与管理设备等。

2. 以下哪个设备属于任务设备分系统（　　）。

    A.飞行操纵与管理设备　　B.通信中继设备

    C.无线电遥控　　　　　　D.动力电池

3. 请叙述视距内驾驶员与超视距内驾驶员的区别。

4. 无人机遥控时常说的美国手与日本手的区别是？

5. 通过对本章学习，你了解到无人机多旋翼有哪些特征。

第 3 章

飞行原理与航空气象

3.1 飞行原理与飞行性能

3.1.1 飞行环境与大气物理性质

一般来讲，飞行环境包括大气飞行环境和空间飞行环境。我们一般讲的航空器，其飞行环境为大气飞行环境。因为一般的无人机隶属于航空器，所以，本章节主要阐述大气环境中的飞行原理。飞行环境对航空器和飞行性能有着非常重要的影响。在了解飞行原理之前，需要认识和了解飞行环境的变化规律以及大气的物理性质。

1.大气环境

大气环境是航空器唯一的飞行环境，其空气密度、温度、压强和天气等因素对航空器的飞行影响很大。

大气在地球引力的作用下聚集在地球周围，大气层中空气的密度、温度、压强等参数是随着高度的变化而变化的，大气层总质量的90%集中在距离地表15千米高度以内。探测结果表明，地球大气圈的顶部并没有明显的分界线，超过2000千米高度，大气极其稀薄，并逐渐过渡到星际空间。

根据大气状态参数随着高度变化的特点，可以将大气层划分为对流层、平流层、中间层、热层和散逸层五个层次（如图3-1所示）。

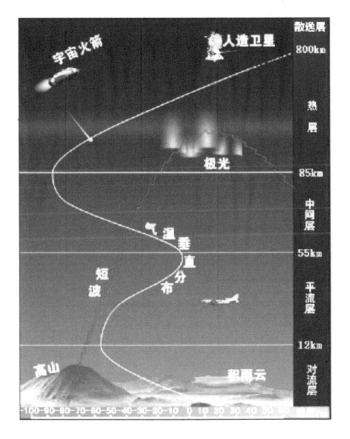

图3-1　大气层分层示意图

（1）对流层（Troposphere）

大气中最低的一层为对流层，它的上界随着地球纬度、季节的不同而变化。就纬度而言，在赤道地区高度约17~18千米；中纬度平均为10~12千米；在极地约8千米。

由于太阳辐射首先主要加热地面，再由地面把热量传给大气，因此，距离地表最近的对流层的主要气象特点：①气温随高度的增加而递减，平均每升高100米，气温降低0.65℃；②空气有强烈的对流运动；③天气的复杂多变。对流层集中了75%大气质量和90%的水汽，因此伴随强烈的对流运动，产生水相变化，形成云、雨、雪等复杂的天气现象。对流层是天气变化最复杂的一层，飞行中遇到的各种天气变化几乎都出现在这一层中。

（2）平流层（Stratosphere）

自对流层顶向上约50km高度，为平流层。在平流层大气以水平运动为主，垂直混合明显减弱，整个平流层比较平稳。由于平流层水汽、尘埃含量少，对流层中的天气现象在这一层很少见，只在底部偶然出现一些分散的白云。平流层天气晴朗，大气透明度好。此外，因为20～25千米高度处，臭氧含量最多。臭氧能吸收大量太阳紫外线，从而使气温升高，所以，在平流层，温度随高度增加由等温分布变逆温分布。

航空器的飞行环境主要是对流层和平流层。

（3）中间层（Mesosphere）

从平流层顶到约85千米高度为中间层。因为该层臭氧含量极少，不能大量吸收太阳紫外线，而氮、氧能吸收的短波辐射又大部分被上层大气所吸收，故气温随高度增加而递减，中间层的顶界气温降至-83℃~-113℃。由于该层大气上部冷、下部暖，致使空气产生相对强烈的上下对流运动。因此，这一层又叫高空对流层。

（4）热层（Thermosphere）

从中间层顶到800千米高度之间的一层称为热层，或暖层、电离层。在该层，随着高度的增高，气温迅速升高。这一层大气密度也很小，在700千米厚的气层中，只含有大气总质量的0.5%。由于空气密度小，在太阳紫外线和宇宙射线的作用下，氧分子和部分氮分子被分解，并处于高度电离状态。电离层具有反射无线电波的能力，对无线电通信有重要意义。

（5）散逸层（Exosphere）

热层顶以上称散逸层。它是大气的最外一层，也是大气层和星际空间的过渡层，但无明显的边界线。这一层，空气极其稀薄，大气质点碰撞机会很小。气温也随高度增加而升高。由于气温很高，空气粒子运动速度很快，又因距地球表面远，受地球引力作用小，故一些高速运动的空气质点不断散逸到星际空间，散逸层由此而得名。

2.大气的物理性质

（1）大气的状态参数和状态方程

大气的状态参数是指它的压强p、温度T和密度ρ这三个参数。对一定数量的气体，压强p、温度T和密度ρ这三个参数就可以决定它的状态。它们之间的关系，可以用气体状态方程表示，即$p=\rho RT$。式中，T为大气的热力学温度（单位K），它和摄氏度t（单位℃）之间的关系为：T=t+273℃；R为大气气体常数，其值为287.05J/（kg·K）。

大气的状态参数随着飞行高度的变化而变化，它们不仅对作用在飞机上空气动力值有影响，还对飞机喷气发动机的推理值有很大影响。

（2）连续性

气体是由大量分子组成的。在标准大气状态下，每1立方米的空间里含有2.7×10^{16}个分子，每个分子都有自己的位置、速度与能量。在气体中，分子之间的联系十分微弱，以致其仅仅取决于盛装容器的形状（充满该容器），而没有自己固有的外形。当飞行器在这种空气介质中运动时，由于飞行器的外形尺寸远远大于气体分子的自由行程（一个空气分子经一次碰撞后到下一次碰撞前平均走过的距离），故在研究飞行器和大气之间的相对运动时，气体分子间的距离完全可以忽略不计，即把气体看成连续的介质。这就是在空气动力学研究中常说的连续性假设。连续性假设不仅为描述流体的物理属性和流动状态带来很大方便，更重要的是为理论研究提供了采用强有力的数学工具的可能。

航天器所处的飞行环境为高空大气层和外层空间,空气分子间的平均自由行程很大,气体分子的自由行程大约与飞行器的外形尺寸在同一数量级甚至更大,在此情况下,大气就不能看成是连续介质了。

(3)黏性

黏性大气的黏性是空气在流动过程中表现出的一种物理性质。大气的黏性力是相邻大气层之间相互运动时产生的牵扯作用力，也叫作大气的内摩擦力(即大气相邻流动层间出现滑动的摩擦力)。

当大气在外力作用下流动或有流动趋势时，气体分子间的内聚力要阻止大气分子的相对运动，同时，相邻大气层之间分子的不规则运动导致的分子迁移也会使分子间产生动量交换，因此在大气运动时会产生一种内摩擦力，这种现象称为流体的黏性。由于大气分子之间的距离相对较大，大气的黏性主要是气体分子做不规则运动的结果。

大气流过航空器时产生的摩擦阻力是与大气的黏性有关系的。

(4)可压缩性

一般来讲，气体是可压缩的。气体的可压缩性是指当气体的压强改变时，其密度和体积也改变的性质。当大气流过飞行器表面时，由于飞行器对大气的压缩作用，大气压强会发生变化，密度也会随之发生变化，当气流的速度较小时，压强的变化量较小，其密度的变化也很小，因此，在研究大气低速流动的有关问题时，可以不考虑大气可压缩性的影响。但当大气流动的速度较高时，由于可压缩性的影响，使得大气以超声速流过航空器表面时与低速流过航空器表面时有很大的差别，在某些方面甚至还会发生质的变化，因此必须考虑大气的可压缩性。

（5）声速

声速是指声波在物体中传播的速度。声波是一个振动的声源在介质中传播时产生的疏密波（压缩与膨胀相间的波），疏密波传到人们的耳膜，人就感觉到了声音，这便是声波。飞机或物体在空气中飞行时会把前进中碰到的空气微团推开，并把这些微团压紧续向前运动，被推开、压紧的微团将膨胀开来，回到其原来的位置。因此，飞机或物体在运动时，在围绕它的空气中将一直产生振动的疏密波，这种疏密波在物理本质上和声波是一样的。不同的是，它的频率不在人耳所能感觉的范围之内，所以人不一定听得到。

声速的大小和传播介质有关，实验表明，在水中声速大约为 1440 米/秒（大约 5200 千米/小时），而在海平面标准状态下，在空气中声速仅为 341 米/秒（大约 1228 千米/小时）。而且，在同一介质中，随着温度降低，声速也会降低。

在这里，补充一个概念：马赫数。马赫数是速度与声（音）速的比值，由于声（音）速不同高度、温度与大气密度等状态下具有不同数值，只是一个相对值，每"一马"的具体速度并不固定。马赫其实是奥地利物理学家恩斯特·马赫（Ernst Mach，1838—1916）的名字，由于是他首次引用这个单位，所以用他的名字所命名。马赫数 1 即一倍声（音）速，马赫数小于 1 为亚音速，马赫数大于 5 左右为超高音速。

（6）国际标准大气

航空器的飞行性能与大气的物理状态（密度、温度和压强等）有密切关系，而大气物理状态是随其所在的地理位置、季节和高度而变化的。为了准确描述航空器的飞行性能，就必须建立个统一的标准，即标准大气。目前中国采用的是国际标准大气，它是由国际性组织颁布的一种"模式大气"。其规定如下：

海平面高度：0米

海平面气温：15℃或59 ℉

海平面气压：1013.25hPa/1013.25mbar/29.92inHg/760mmHg

密度：1.225千克/立方米

声速：341米/秒

对流层高度：11km/36089ft

对流层内，高度每增加1千米，温度递减6.5℃，或高度每增加1000ft，温度递减2℃

11~20千米之间的平流层底部气体温度为常值：-56.5℃

3.1.2 牛顿运动定律

1.牛顿第一运动定律

牛顿第一运动定律，也叫惯性定律。说的是：如果一个物体处于平衡状态，那么它就有保持这种平衡状态的趋势。所有施加在平衡物体上的外力都是平衡的，那么物体上不会有任何改变其状态或往任何方向加速或减速的趋势存在。

牛顿第一运动定律的平衡包含三种状态。

（1）静态平衡：物体静止不动，如图3-2为飞机保持静止状态。

（2）动态平衡：物体水平匀速直线运动，图3-3为物体保持水平匀速直线运动。

（3）动态平衡：物体以恒定的速度爬升、俯冲或滑翔，图3-4为物体保持匀速爬升或者匀速俯冲。

平衡是事物一种非常普遍的状态，不稳定运动状态与稳定运动或者静止状态的情况不同之处就是多了加速度。

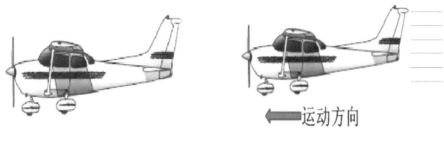

图3-2　静态平衡　　　　　　　　图3-3　水平匀速动态平衡

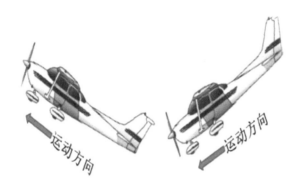

图3-4　动态平衡

2. 牛顿第二定律

牛顿第二定律的内容是：$F=Ma$，物体的加速度跟物体所受的合外力成正比，跟物体的质量成反比，加速度的方向跟合外力的方向相同。

牛顿第二定律表明，要获得给定加速度所施加的力的大小取决于无人飞机的质量。一个具有很大质量的物体需要用更大的力去打破它的平衡才能达到给定的加速度，而小质量的物体所需的力则小，如图3-5为物体受推力作用做加速运动。

力的分解：将一个力化作等效的两个或两个以上的分力。一个飞行器受到许多施加在它每个部分的力的影响，但是所有的这些力都可以按方向分成4个力，如图3-6为飞机螺旋桨拉力的分解。

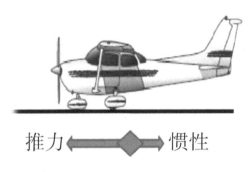

图3-5　物体受推力作用做加速运动

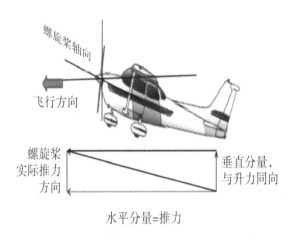

图3-6　飞机螺旋桨拉力的分解示意图

3.空气的相对运动原理

空气不动，飞机飞行时，作用在飞机上的空气动力和飞机不动，空气吹过时作用在飞机上的空气动力是等效的，如图3-7，风洞实验室就是应用空气的相对运动原理工作的。

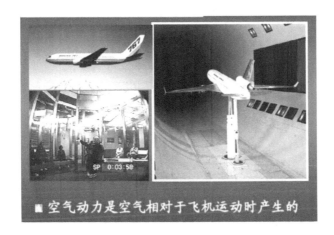

图3-7 风洞实验室

这种飞机和空气的相对运动速度，即飞机飞行的空速。我们研究飞行原理所应用到的速度都是空速。与空速相对应的速度是地速，地速的定义是飞机在地面投影的速度，也就是我们通常意义了解的"真实速度"，GPS系统测得的速度都是地速。

4.连续性定理与伯努利定理

连续性定理与伯努利定理是分析和研究飞机上空气动力产生的物理原因及其变化的基本定理。

（1）连续性定理

流体在运动时，遵循质量守恒定律。这条定律在空气动力学中被称为连续性定理，其数学表达式称为连续性方程

如图3-8所示，连续性定理表述为：当流体连续不断而稳定地流过一个粗细不等的管子，由于管中任何一部分的流体都不能中断或挤压起来，因此在同一时间内，流进任意切面的流体质量和从另一切面流出的流体质量应该相等。

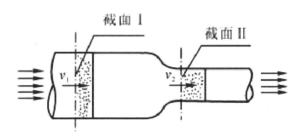

图3-8 连续性定理示意图

其数学表达式为:

$$\rho VA = C$$

式中, ρ 为空气密度, V 为气流流速, A 为截面面积, C 为常数。

当空气低速流动时(马赫数 $\mathrm{Ma} < 0.4$)时,可以认为密度 ρ 是常数,则

$$VA = C$$

上式表明,空气稳定连续地在一个流管流动时,流管收缩,流速增大,流管扩张流速减慢,即流速大小与流管截面面积成反比。

这一定理在我们生活中也很常见,比如,一条河流河道变窄时,水流比较快,河道变宽时,水流也相对较慢。

(2)伯努利定理

流体在运动时,除了遵循质量守恒定律外,还要遵循能量守恒定律。这个定律在空气动力学中称为伯努利定理。

其数学表达式称为伯努利方程:

$$P + \frac{1}{2}\rho V^2 = P_0$$

式中, $\frac{1}{2}\rho V^2$ 为动压,表示单位体积空气所具有的动能。 P 为静压,指单位体积空气所具有的压力能。在静止的空气中,静压等于当时当地的大气压。

P_0 为总压,它是静压与动压之和。总压可以理解为,气流速度减小到零

之点的静压。

伯努利定理表述为：稳定气流中，在同一流管的任意截面上，空气的动压和静压之和保持不变。由此可见，动压大，则静压小；动压小，则静压大。即流速大，压力小；流速小，压力大，流速减小到零，压力增大到总压值。

严格来说，伯努利定理在下列条件下，都是适用的：

气流是连续的、稳定的，即流动是定常的；

流动的空气与外界没有能量交换，即空气是绝热的；

空气没有黏性，即空气是理想流体；

空气密度是不变的，即空气是不可压缩流；

在同一条流线或在同一条流管上。

3.1.3　升力

1. 升力的产生

相对气流流过翼型时，流线和流管将发生变化，引起绕翼型的压力发生变化，只要上下翼面存在压力差，就会产生升力（图3-9）。其基本原理是：空气流到翼型的前缘，分成上下两股，分别沿翼型的上下表面流过，并在翼型的后缘汇合后向后流去。在翼型的上表面，由于正迎角和翼面外凸的影响，流管收缩，流速加大，压力降低；而在翼型下表面，由于流管扩张，流速减慢，压力增大。这样，翼型上下表面出现压力差，在垂直于相对气流方向的总压力差，就是翼型的升力。可以用一句话解释升力的产生原理：飞机升力来源于机翼上下表面气流的速度差导致的气压差。

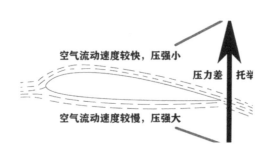

图3-9　升力产生原理示意图

机翼产生升力的大小，与翼型的形状和迎角有很大关系。翼型的几何形状可分为多种，产生的空气动力效果也有很大差别。迎角不同产生的升力也不同，在一定范围内，迎角增大，压力也会增大，但当迎角过大超过一定程度（称临界迎角）时，气流就会在翼型后缘开始分离，反而会出现升力突然下降，阻力迅速增加，出现"失速"现象。

2. 升力公式及影响升力的因素

飞机（一般指固定翼飞机）的升力公式可以表示为：

$$L = C_L \cdot \frac{1}{2}\rho V^2 \cdot S$$

上式中，C_L为飞机的升力系数，升力系数综合表达翼型形状、迎角等对飞机升力的影响；$\frac{1}{2}\rho V^2$为飞机的飞行动压，其中ρ为空气密度，V为相对速度；S为机翼的面积。

上式表明，影响升力的因素主要有：翼型和迎角、空气密度、相对速度、翼型面积等因素。

（1）翼型——影响升力系数C_L

机翼的效率受翼型的影响极大，在一定程度上是受翼型弯度的影响和厚度的影响，如图3-10为六种基本的翼型。

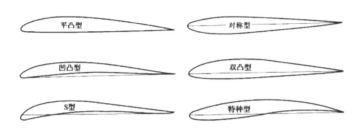

图3-10　六种基本翼型

①翼弦

机翼剖面前缘到后缘的连线，其长度称为弦长，用c来表示，如图3-11。

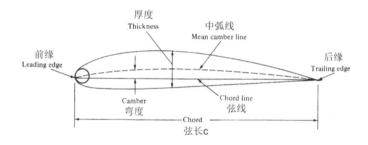

图3-11　翼剖面特性参数

②厚度

以翼弦为基础做垂线，每一条垂线在翼型内的长度即为该出的翼型厚度，用t表示。其中，最大厚度为t_{max}。相对厚度$=t_{max}/c$。

③弯度

所有厚度线中点的连线叫中弧线，中弧线与翼弦之间的最大距离叫翼型的最大弯度，用为f_{max}表示。相对弯度$=f_{max}/c$。

（2）机翼的投影面积S

机翼的投影面积和机翼面积不是一个概念，投影面积是指机翼面积在水平分量上的值。

①翼展

机翼翼尖两端点之间的距离，也叫展长，用L表示。

★翼展：机翼翼尖两端点
之间的距离，也叫展
长，以"L"表示。

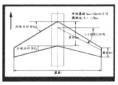

★翼弦：翼型前后缘之间的连线；其长度称为弦
长，通常以 b 表示。若机翼的平面形
状不是矩形，则采用"平均气动力弦长"
来代替弦长，平均气动力弦长用b_{av}表
示，定义为： $b_{av}=S/L$。

图3-12 展弦比示意图

②展弦比

翼展长度与平均弦长之比，叫展弦比。由于飞机机翼不是一个规则的
形状，所以在机翼各个位置的弦长不是一个定值，需要取一个平均弦长，如
图3-12。

③后掠角

机翼1/4弦线与垂直机身中心线的直线之间的夹角叫后掠角。后掠角能够
提高飞机的机动性，增加航向稳定性。

（3）迎角——影响升力系数C_L

①迎角

机翼弦线与相对气流之间的夹角叫迎角，也叫攻角，通常用 α 表示。

②驻点

机翼上空气与前缘相遇的地方称为驻点，驻点处空气相对于机翼的速度
减小到零。对称机翼相对来流仰头旋转一个迎角，驻点稍稍向前缘的下表面
移动对于某一种翼型来说，可以通过实验来获取升力系数与迎角的关系曲线，

即 C_L-α 曲线。值得注意的是，曲线和翼型是——对应的，不能几个翼型共用一条曲线，也不能一种翼型对应几条曲线。

C_L-α 曲线中，对应于升力系数等于零的迎角称为零升迎角；对应于最大升力系数处的迎角称为临界迎角或失速迎角，如图 3-13。

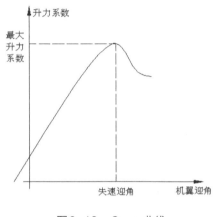

图 3-13 C_L-α 曲线

当飞机的迎角小于临界迎角时，升力系数随迎角的增大而增大，当迎角超过临界迎角后，迎角增大，升力系数却急剧下降，这种现象称为失速。

③失速

失速指的是飞机以大于临界迎角飞行，升力急剧下降。飞机刚进入失速的速度，称为失速速度。失速速度越大，越容易失速。

失速的直接原因是迎角过大超过临界迎角，造成机翼上表面附面层大部分分离。出现失速飞行员应该立即推杆到底，减小迎角，如图 3-14 为飞机失速的图片，图 3-15 为飞机机翼失速时气流的情况。

图3-14　飞机失速图

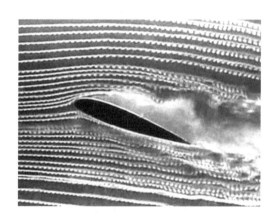

图3-15　失速时机翼气流情况

3.1.4 阻力

飞机在飞行时，除了在机翼上产生向上的升力外，还会产生阻力。当然，除了机翼产生阻力外，飞机的其他部件，比如机身、尾翼、起落架等也会产生阻力。机翼阻力只是飞机总阻力的一部分。

低速飞行的飞机上的阻力，按照其产生的原因不同可分为摩擦阻力、压差阻力、诱导阻力和干扰阻力等。

1. 诱导阻力

诱导阻力是伴随着升力的产生而产生的阻力。如果没有升力，诱导阻力为零。所以，诱导阻力又被称为升致阻力。

飞机的诱导阻力主要来自翼面（如图 3-16 所示）。当飞机在飞行时，机翼下表面的气流压力比上表面高，由于机翼的翼展长度是有限的，这样，在翼尖部位下表面气流就力图绕过翼尖流向上表面，形成翼尖涡，翼尖涡向后流形成翼尖涡流。翼尖涡流使来向的相对气流向下倾斜形成下洗流，这导致总升力（L'）不再与相对气流垂直，而与下洗流垂直。那么，这个总升力在相对气流方向会产生一个阻力分量（D），这个阻力就是诱导阻力。

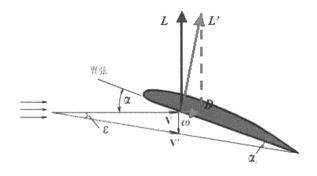

图 3-16　诱导阻力产生示意图

诱导阻力与机翼分平面形状、机翼剖面形状、展弦比（即机翼翼展和平均几何弦之比）等有关，可以通过增大展弦比，选择适当的平面形状，以及增加翼梢小翼等来减小诱导阻力。

2. 摩擦阻力

摩擦阻力是由于大气的黏性而产生的。当空气气流流过飞机时，由于大气的黏性，紧贴飞机表面的一层空气，其相对速度等于零，就像粘在了机翼表面一样，这些速度为零的空气给飞机表面一个反作用力，这个反作用力就是摩擦阻力。紧贴飞机表面，流速由外界气流速度逐渐低为零的这层薄薄的空气层叫作"附面层"，飞机的摩擦阻力就是在附面层中产生的。

由于气流在流过机翼时，因机翼厚度不同，附面层的气流运动会发生不规则的变化，在这个过程中，附面层从"层流"附面层逐渐变为"紊流"附面层，飞机表面对气流的阻滞作用变大，也就是说，"紊流"附面层的摩擦阻力比"层流"附面层的摩擦阻力要大。

此外，摩擦阻力的大小与飞机的表面情况、气流与飞机表面接触面积、附面层气流流动情况等都有关系。总之，气流黏性越大、飞机表面越粗糙、飞机表面积越大，摩擦阻力也越大。

3. 压差阻力

压差阻力是由于气流流过物体前后的压力差而产生的阻力。飞机的机翼、机身和尾翼等部件都会产生压差阻力。日常生活中，我们也可以发现这一现象，比如，高速行驶的汽车后面时常扬起尘土，就是由于车后涡流区的空气压力小，吸起灰尘的缘故。以机翼为例，当气流流过机翼时，在机翼前缘部分，由于气流受阻压强增大，而气流在流过机翼后缘部分时，会产生附面层分离涡流区，压强降低，这样机翼前后就产生了压力差，从而使机翼产生压差阻力。

压差阻力的大小与迎风面积、机翼形状和迎角有关。迎风面积越大，压差阻力越大；翼型形状如果翼型前端圆钝，后面尖细，压差阻力较小；迎角越大，压差阻力越大。

4. 干扰阻力

飞机由多个部分组成，比如机身、机翼、尾翼等，而飞机各部分之间由于气流的相关干扰产生的额外阻力，称为干扰阻力。

　　干扰阻力和飞机不同部件之间的相对位置有关，所以，在飞机设计和制造时要妥善考虑各部件的相对位置，必要时在不同部件之间加装一些整流措施，以减少干扰阻力。

5. 总阻力

　　在以上四类主要阻力中，摩擦阻力、压差阻力、干扰阻力可统称为废阻力，而飞机的总阻力是诱导阻力和废阻力之和。飞机在低速飞行时，诱导阻力占支配地位，在高速飞行时，废阻力占支配地位，当两者相等时，总阻力最小，升阻比最大。

6. 升阻比

　　升阻比是指飞行器在飞行过程中，在同一迎角状态下的升力与阻力（也即升力系数与阻力系数）的比值。

$$K = \frac{L}{D} = C_L / C_D$$

　　升阻比与飞行器迎角、飞行速度等参数有关，升阻比愈大说明飞行器的空气动力性能愈好。升阻比达到最大之前，随迎角增加升阻比呈线性增加。

3.1.5　飞行性能

　　无人机的飞行性能主要是指稳定性、操纵性以及其他性能。

1. 稳定性

飞机的稳定性，也叫飞机的安定性，是指在飞机受到扰动后，不经飞行员操纵，能恢复到受扰动前的原始状态，原来平衡状态的特性。如果能恢复，则称飞机是正稳定性，反之则称飞机负稳定性，飞机的稳定性包括纵向稳定性、横向稳定性、航向稳定性。在研究飞机稳定性之前，必须首先了解飞机的机体坐标系。

2. 机体坐标系

不论是固定翼、直升机、还是多旋翼无人机，研究其稳定性的时候首先要建立机体坐标系，这里以固定翼为例。直升机和多旋翼的机体坐标系和固定翼是一样的。

固定翼飞机机体坐标系是以重心所在的位置为原点；贯穿机身，把飞机分为相同的左右两部分的平面是对称面；飞机对称面与飞机所在平面的交线是飞机的纵轴x；垂直于飞机的对称面，并且穿过原点的是飞机的横轴y；垂直于飞机所在平面，并且穿过原点的是飞机的立轴z，如图3-17所示。

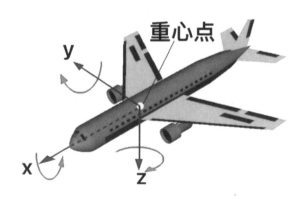

图3-17 固定翼飞机机体坐标系

3. 姿态角

在飞机飞行时,我们可以通过判断飞行姿态角来分析飞机都发生了哪些运动,进而作出与之相对应的操作。

俯仰角:机体坐标系纵轴与水平面的夹角。抬头时,俯仰角为正,低头时,俯仰角为负。

滚转角:机体坐标系立轴与通过机体纵轴的铅垂面间的夹角,机体向右滚为正,反之为负。

偏航角:机体坐标系纵轴与对称面的夹角,机头右偏航为正,反之为负。

4. 纵向稳定性

飞机纵向稳定性是指飞机受到上下对流干扰后产生绕横轴转动,扰动消失后自动恢复到原飞行姿态的性能。固定翼飞机主要靠水平尾翼和机翼来保证纵向稳定性。

研究飞机的纵向稳定性之前,我们先要介绍两个概念,重心和焦点。

重心:如果一架飞机的结构已经固定,则其重心位置就已经确定了。通常,我们用重心到平均气动力弦前缘的距离和平均气动力弦长之比的百分数来计算重心的位置。

焦点:当飞机迎角变化时,在机翼和尾翼上都会产生一定的附加升力,这个附加升力合力作用点称为飞机的焦点。

知道飞机重心和焦点的定义之后,我们就可以开始学习稳定性了。

飞机纵向稳定性主要取决于飞机重心的位置,飞机重心位于焦点前面,则飞机纵向稳定。重心越靠前,则纵向稳定性越强;重心越靠后,纵向稳定性越弱。如果重心位于焦点之后,则飞机纵向变得不稳定。

5. 航向稳定性

飞机航向稳定性是指飞机受到侧风干扰后产生绕立轴转动，扰动消失后自动恢复原飞行姿态的性能。

飞机主要靠垂直尾翼产生航向稳定力矩来保证航向稳定性。比如，飞机受到左侧风的扰动，机头向左偏转了一定的航向，在飞机前飞的过程中，垂直尾翼的右翼面迎风面积增大，右翼面和左翼面就产生了一定的压力差，从而使机头向右偏转修正侧风的扰动，如图3-18所示。

影响飞机航向稳定力矩的因素主要有飞机迎角、机身、垂尾面积和重心位置。

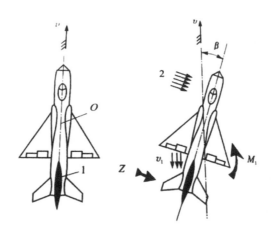

图3-18　飞机航向稳定示意图

6. 横向稳定性

飞机横向稳定性是指飞机受到干扰后产生绕纵轴转动，扰动消失后自动恢复原飞行姿态的性能。横向稳定性反映飞机滚转稳定的特性。飞机主要靠机翼产生横向稳定力矩来保证横向稳定性。

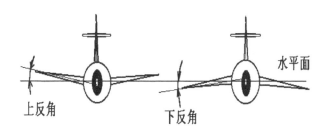

图 3-19 飞机横向稳定示意图

影响飞机横向稳定力矩的因素主要是机翼上反角，机翼后掠角和垂直尾翼。

上反角：机翼的底面同飞机所在水平面之间的夹角叫上反角，如图 3-19 所示。反角是如何增加横向稳定性的呢？当一阵风吹到右侧机翼上，飞机右翼抬起，左翼下沉，由于存在上反角，左翼有效迎角增大，升力增大，向右形成滚转力矩，达到减小滚转角的目的。

后掠角：后掠角越大，横向稳定作用越明显。后掠角是如何增加横向稳定性的呢？当飞机受扰动向右倾斜，升力也将倾斜，而产生右侧滑，由于后掠角的存在，使两侧机翼上的有效速度大小不等，右侧机翼产生升力大于左侧机翼产生升力，形成滚转力矩，达到减小滚转角的目的。

垂直尾翼：垂直尾翼是如何增加横向稳定性的呢？当飞机受到扰动产生倾斜后，会出现侧滑，垂直尾翼上产生的附加侧向力作用点位于飞机重心上方，因而相对于重心也形成恢复力矩，达到减小滚转角的目的。

7. 纵向稳定性、航向稳定性、横向稳定性之间的关系

飞机的纵向与航向、横向稳定性之间互相独立；航向与横向稳定性是紧密联系和相互影响的，因此通常合称为"横侧稳定"。故飞机的横向和航向稳定性之间必须匹配适当。如果匹配不当，飞机将可能出现"螺旋不稳定"或

"荷兰滚不稳定"现象。

螺旋不稳定：飞机失速后机翼自转，飞机以小半径的圆周盘旋下降运动叫螺旋不稳定。产生这种现象的原因是飞机横向稳定性过弱，航向稳定性过强，产生螺旋不稳定。

荷兰滚不稳定：如果飞机在飞行中发现飞机非指令地时而左滚，时而右滚，同时伴随机头时而左偏，时而右偏的现象，此迹象表明飞机进入了荷兰滚不稳定（或飘摆）。发生此现象的原因是飞机的横向安定性过强而航向安定性过弱。如果飞机受到扰动后，由于航向安定性过弱，飞机会发生偏航，但是由于飞机的横向安定性过强，飞机会通过横向滚转运动自主修正偏航现象，结果往往是修正过大，就这样来回往复地摆动机头，形成飘摆。

8. 操纵性

飞机的操纵性指飞机对操纵的反应特性，又称飞机的操纵品质。无人机操纵主要通过遥控器的四个通道操纵飞机的三个主操纵面——升降舵、方向舵和副翼，如图3-20所示。

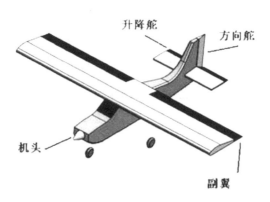

图3-20　无人机操纵面示意图

（1）四个通道

遥控器控制飞机的四个最主要的通道分别是：副翼、升降、油门、方向。

①副翼：操纵飞机上的副翼操纵面，用来调节飞机的横滚飞行姿态。

②升降：操纵飞机上的升降操纵面，用来调节飞机的俯仰飞行姿态。

③油门：（又称引擎）操纵飞机上的发动机油门，用来调节飞机推力或拉力的大小。

④方向：操纵飞机上的方向操纵面，用来调节飞机的航向飞行姿态。

（2）三个操纵面

无人机有三个操纵面：升降舵、方向舵和副翼。

①升降舵：升降舵是指固定翼无人机上的水平尾翼操纵面。水平尾翼主要控制无人机的俯仰运动，向前推升降舵，水平尾翼向下打开，使机尾上扬，机头下俯，飞机向下飞行。

②方向舵：方向舵是指固定翼无人机上的垂直尾翼操纵面。垂直尾翼主要控制无人机的航向运动，向左压方向舵，垂直尾翼向左打开，使机尾向右偏转，机头向左偏转，飞机向左飞行。

③副翼：副翼是指固定翼无人机上机翼后缘的可动操纵面。副翼主要控制无人机的滚转运动，向左压副翼，左侧机翼上的副翼向上打开，右侧机翼上的副翼向下打开，使飞机向左滚转。

比较大型的有人机上还安装有襟翼、缝翼、调整片等辅助操纵机构，无人机上安装的较少，这里不再介绍。

9. 飞行性能

无人机飞行性能是描述飞机质心运动规律的性能，包括飞机的飞行高度、飞行速度、航程、航时、起飞和着陆性能等。

（1）飞行高度

衡量无人机飞行高度的指标有理论静升限和实用静升限。理论静升限是指飞机（固定翼）能作水平直线飞行的最大高度；实用静升限是指飞机（固定翼）最大爬升率等于0.5米/秒所对应的飞行高度。一般无人机的理论静升限要大于实用静升限，另外，衡量无人机高度性能的指标还有爬升率和爬升角。

爬升率越大、爬升角越大，则无人机改变高度的能力越好。

爬升率：单位时间内飞机所上升的垂直高度。

爬升角：飞机上升轨迹与水平线之间的夹角。

（2）飞行速度

速度指标也是衡量无人机飞行性能的一项重要指标，其中应用比较多的是最大飞行速度和最小飞行速度，外出作业可以根据不同的作业任务、作业载荷、作业标准选用不同的飞行速度，已达到最理想的作业效果。

最大飞行速度：飞机在一定高度上做水平直线飞行时，在一定飞行距离内（>3km），发动机以最大推力工作所能达到的最大飞行速度。

最小飞行速度：飞机在一定高度飞行，能够产生足够的升力平衡重力，维持水平直线飞行的最小速度。又称平飞所需速度。

另外，除了最大和最小飞行速度之外，还有巡航飞行速度、平飞有利速度、平飞远航速度。

巡航飞行速度：发动机每公里消耗燃油量最小情况下的飞行速度。

平飞有利速度：能够获得平飞航时最长的速度。

平飞远航速度：能够获得平飞航程最长的速度。

（3）航程

最大航程：在起飞后不再加油的情况下，飞机以巡航速度所能达到的最远距离。同时，飞机的航程长短主要取决于燃油量。

10. 起飞与着陆性能

（1）五边航线

固定翼无人机的起降阶段是需要专门进行训练的，固定翼的起降航线也叫五边航线。起降航线是固定翼驾驶员最基本的飞行训练科目，如图3-21所示。

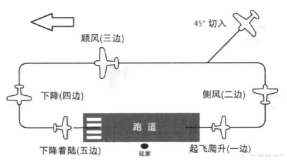

图3-21 五边航线示意图

（2）起飞

飞机的起飞过程包括：起飞滑跑和爬升两个主要阶段，飞机离地速度越小滑跑距离越短，飞机的起飞性能越好，如图3-22所示为起飞过程。

减小飞机起飞距离的办法：逆风起飞、使用襟翼、增加推力。

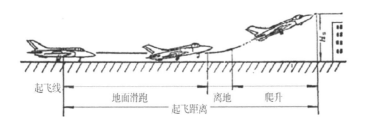

图3-22 起飞过程示意图

（3）着陆

飞机着陆的过程包括：下滑、拉平、平飘、接地、着陆滑跑五个阶段。

飞机着陆距离由着陆下滑距离和着陆滑跑距离组成。下滑距离与下滑角（飞行轨迹与水平面的夹角）、下滑高度有关，如图3-23所示为飞机着陆过程。

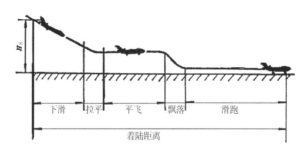

图3-23　着陆过程示意图

11. 机动性能

（1）过载

飞机的机动性是指飞机在一定时间内改变飞行速度、高度和方向等飞行状态的能力，相应称之为速度机动性、高度机动性和方向机动性。描述机动性的参数是过载，用G表示。

过载也称载荷因子，是飞行器所受的外力与飞行器重量之比，单位用重力加速度表示。显然过载越大，则表示飞机的外力（控制力）较大或飞机重量较小，越容易改变飞机运动状态。

作用在飞机上的外力总称为外载荷，包括重力、升力、推力、阻力及其他气动力等，外载荷平衡下，飞机定常飞行（匀速直线飞行，但不一定是水平直线）。

由于飞行员能承受的过载一般为7到8个，所以有人机机动过载不超过9个，而无人机不受限制。

（2）盘旋

盘旋是指保持飞行高度不变，飞机做圆周飞行。盘旋是重要的机动性指标，盘旋半径越小，机动性越好；空速越大，盘旋半径越大，如图3-24所示。

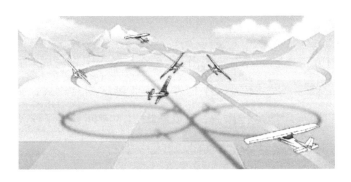

图3-24　盘旋示意图

操纵副翼使外侧副翼向下打开，内侧副翼向上打开，外侧升力大于内侧升力，飞机发生滚转（坡度），实现转弯。飞机转弯的向心力是飞机升力的水平分力，转弯时，升力水平分量大于离心力会出现内侧滑，相反，离心力大于升力水平分量会出现外侧滑。

飞机坡度增大，升力的垂直分量减小升力的水平分量增大，为保持高度需要增大迎角和油门，以保持升力的垂直分量不变。

（3）俯冲、筋斗、跃升

在俯冲拉起、筋斗和跃升过程中，升力作为飞机的向心力，改变飞机飞行速度的方向。俯冲、筋斗和跃升属于无人机特技飞行内容，一般作业飞行不会应用这些动作。

3.1.6 无人机的发射和回收方式

1.无人机的发射（起飞）方式

根据功能和任务场地的不同，无人机可以选用多种发射（起飞）方式，主要有：手抛发射、弹射发射、起落架滑跑起飞、垂直起飞。

（1）手抛发射

手抛发射方式比较简单，一般由1人或2人操作即可完成。手抛发射的无人机一般重量较轻，尺寸较小。手抛发射作业难度相对较大，手抛发射员必须经过系统的训练才能进行作业，无人机抛出的瞬间，起降驾驶员就要操纵遥控器进行控制，迅速调整飞机油门和姿态，如图3-25所示。

图3-25　手抛发射无人机

（2）弹射发射

将无人机安装在轨道式弹射发射架上，在压缩空气、橡皮筋或液压弹射装置的作用下，无人机能够迅速获得一个冲力，使无人机能够瞬间达到飞行所需速度，从而达到起飞的目的。

一般情况下，在南方作业的队伍比较喜欢弹射发射的方式，但是由于科技的进步，弹射发射有被手抛发射和垂直起降取代的趋势，如图3-26所示。

图3-26　弹射发射无人机

（3）起落架滑跑起飞

起落架滑跑起飞是固定翼无人机起飞最主要的方式，但是需要起降场地需要有满足起飞条件的跑道，局限性较大，如图3-27所示。

图3-27　起落架滑跑起飞无人机

（4）垂直起飞

垂直起飞分为两种不同的机型：固定翼无人机和旋翼无人机。

旋翼类无人机起飞方式简单，起飞之后可以在空中进行悬停。

固定翼无人机现在有两种比较主流的起飞方式：倾转旋翼起飞和垂直起降固定翼起飞。倾转旋翼起飞方式主要是以鱼鹰为模型，现在无人机上应用还不太广泛，有一部分模型爱好者比较喜欢。垂直起降固定翼是现在非常受欢迎的机型，该机型在起飞的时候使用的是旋翼的系统，待飞行到一定高度转换到固定翼的系统，然后执行任务，如图3-28所示。

图3-28　垂直起降固定翼无人机起飞

2. 无人机的回收方式

无人机的回收方式可以归纳为：伞降回收、起落架滑跑着陆、垂直着陆。

（1）伞降回收

对应于手抛、弹射起飞的无人机，一般采用伞降回收。无人机结束飞行任务之后，小油门或熄火状态滑翔到降落点上空盘旋降高，当下降到预定高度后开伞降落，然后地面人员进行回收，如图3-29所示。

降落时由遥控器指令控制或自主控制开伞，降落伞由主伞和减速伞组成二级伞。

（2）起落架滑跑着陆

滑跑起飞，对应于滑跑着陆。滑跑着陆对跑道有一定的要求，比如：跑道上无杂物，跑道要平直且有足够的距离。固定翼无人机滑跑降落对无人机驾驶员操纵技术要求很高，事故一般发生在这个阶段。

（3）垂直着陆

垂直起降固定翼和旋翼都采用垂直回收方式。回收步骤和起飞正好相反。

图 3-29　无人机伞降回收

3.2　航空气象

航空气象学是为航空服务的一门应用气象学科，它针对航空中所提出的关于气象方面的要求进行研究。无人机在大气中飞行，依靠大气产生升力，飞行活动就发生在以大气作为介质的这个层次里。

气象指发生在天空中的风、云、雨、雪、雾、电闪雷鸣等一切大气的物理现象。气象要素对飞行及安全影响重大，是限制飞行的主要因素之一。在飞行实践中，已经有不少无人机飞手在作业中因大风而坠机、因低温无功而返、因穿云而失联。因此无人机作业前应了解天气状况，可以通过气象站发布的天气预报，亦可以使用简易的地面测量仪器，或参考当地居民的丰富经验。

3.2.1 大气性质要素

大气是一种物体，指包围整个地球的空气圈，海拔越高空气越稀薄，18000英尺高度的大气质量仅仅为海平面上的一半。研究大气中的气象现象时，可将大气看作一种混合物，它由三个部分组成：干洁空气、水汽和大气杂质。

气象的三大要素为气温、气压和空气湿度。气温、气压和空气湿度的变化都会对飞机性能和仪表指示造成一定的影响，这种影响主要通过他们对空气密度的影响而实现。

对一定数量的气体，压强p、温度T和密度ρ这三个参数就可以决定它的状态。它们之间的关系，可以用气体状态方程表示，即$p=\rho RT$。式中，T为大气的热力学温度（单位K），它和摄氏度t（单位℃）之间的关系为：T=t+273℃；R为大气气体常数，其值为287.05J/（kg·K）。

1.气压

气压即大气的压强，是指在任何表面的单位面积上，空气分子运动所产生的压力。气压的大小同高度、温度、密度等有关，自然状况下随高度增高、温度升高而使空气的密度降低（稀薄）从而气压减小。在气象上，通常用测量高度以上单位截面积的铅直大气柱的重量来表示。常用单位有毫巴（mb）、毫米水银柱高度（mm·Hg）、帕（Pa）、百帕（hPa）、千帕（kPa），国际单位制通用单位为帕，如图3-30为水银气压表示意图。

气压对无人机作业会有哪些影响呢？无人机螺旋桨旋转或机翼滑行获得的升力，与大气的密度、大气压强有关。无人机使用气压计定高，将密度不同的空气阻力情况反映给飞控程序，调整螺旋桨转速（输出动力）和机翼倾角，控制飞行中达到或维持预定的速度，操作无人机上升和下降。

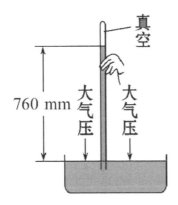

图 3-30　水银气压表示意图

此外，气压对飞行性能也会产生影响。当海拔升高，气压降低，伴随着降低的大气压力起飞和着陆距离会增加，爬升率会减小。在青藏高原等海拔高、空气稀薄的环境中，无人机经常在降落时滑行距离较远，需要预设更长的降落距离，并在现场确定避开了山林等障碍物。近地面勘察使用的无人机，飞行高度多在 3~50 米，处于对流层的下层，不同的地形地貌、水面沙丘等不同的下垫面，会造成乱流较多干扰微型无人机，因此应时刻关注无人机的作业状态。

2. 气温

气温是表示大气冷热程度的物理量。大气系统热量主要是吸收太阳辐射，当太阳辐射通过大气层时，有 24% 直接被大气吸收。在一定的容积内，一定质量的空气，其温度的高低只与气体分子运动的平均动能有关。空气冷热的程度，实质上是空气分子平均动能的表现。当空气获得热量时，其分子运动的平均速度增大，平均动能增加，气温也就升高。反之当空气失去热量时，其分子运动平均速度减小，平均动能随之减少，气温也就降低。

接近地面大气的温度主要来自地面的长波辐射。海拔高的地方空气稀薄，白天空气对地面长波辐射吸收就少，温度低；晚上大气的保温作用差，温度低。因此海拔越高，气温越低。在对流层内，海拔大约每升高100米，气温约下降0.6℃。

气温也会对无人机作业带来影响。气温的高低不同、竖向的温差变化，都对无人机产生影响。已有飞行经验表明，在无人机测绘工作的200~400米空间，会有1.2~2.4℃的温差。同时，气温对无人机的电池、电机和材料性能带来影响。

（1）无人机使用的锂聚合物电池最佳工作温度是20~30℃。电池对温度很敏感，温度越低电池容量损失非常快，甚至会导致电池损坏；

（2）高温影响电机的散热。小微型无人机多使用风冷却（而不是水冷却）控制温度，风冷对主板和电池的温度调节能力有限。当气温高于35℃时，应该注意适当减少作业时间，避免主板和电池过热。

（3）无人机的部分塑料部件，在高温的烘烤下容易老化，甚至变软、变形。

气温对飞行性能也会带来影响：①在升限方面，气温升高，所有飞机的升限都要减小；②在滑跑距离方面，气温升高，空气密度小，飞机增慢，飞机的离地速度增大，起飞滑跑距离增长；③在最大平飞速度方面，气温低时，空气密度大，飞机发动机的推力增大，最大平飞速度增加；④在飞机载重方面，当气温高于标准大气温度时，飞机的载重量减少；⑤在飞机机体方面，影响飞机机体腐蚀的大气因素是空气的相对温度、空气的温差。

3. 大气湿度

大气湿度是表示大气中水汽含量多少的物理量，与云、雾、降水等密切相关。大气湿度常用下述物理量表示：水汽压、饱和水汽压、相对湿度、露点。如图3-31为温/湿度计。

图3-31　温/湿度计

大气压力是大气中各种气体压力的总和。水汽和其他气体一样，也有压力。大气中的水汽所产生的那部分压力称水汽压。它的单位和气压一样，也用 hPa 表示。在温度一定情况下，单位体积空气中的水汽量有一定限度，如果水汽含量达到此限度，空气就呈饱和状态，这时的空气，称饱和空气。饱和空气的水汽压（E）称饱和水汽压，也叫最大水汽压，因为超过这个限度，水汽就要开始凝结。实验和理论都可证明，饱和水汽压随温度的升高而增大。在不同的温度条件下，饱和水汽压的数值是不同的。

4. 相对湿度

相对湿度是空气中的实际水汽压与同温度下的饱和水汽压的比值。相对湿度直接反映空气距离饱和的程度。当其接近100%时，表明当时空气接近于饱和。当水汽压不变时，气温升高，饱和水汽压增大，相对湿度会减小。

5. 露点温度

在空气中水汽含量、气压一定时，使空气冷却达到饱和时的温度，称露点温度，简称露点（Td）。水汽含量愈多，露点愈高，所以露点也是反映空气中水汽含量多少的物理量。在实际大气中，空气经常处于未饱和状态，露点温度常比气温低（Td< T）。因此，根据T和Td的差值，可以大致判断空气中水汽距离饱和的程度。

3.2.2 空气运动状况要素

1. 风的形成

由于地表冷热不均，受热空气膨胀上升，遇冷则收缩下沉，进而产生了大气的升降运动。温度越高，大气对流运动越明显，因此赤道地区对流效果最明显。由于地球自转，大气还受地转偏向力的影响，北半球向东偏，南半球向西偏，于是会形成三圈环流，因此在北纬30℃到赤道之间形成了东北信风。

2. 对流冲击力

使原来静止的空气产生垂直运动的作用力，称为对流冲击力。按形成原因对流冲击力可分为：热力对流冲击力和动力对流冲击力。

热力对流冲击力：白天在太阳的辐射作用下，山岩地、沙地、城市地区比水面、草地、农村升温快，其上空受热后温度高于周围空气，因而体积膨胀，密度减小，使浮力大于重力而产生上升运动。夜晚正好相反。

以海陆风为例，其基本原理是陆地吸收和散发热量比水面快。

白天，陆地升温快，气温高，空气膨胀上升，近地面空气密度变小，就形成低压；海洋升温慢，气温低，空气收缩下沉，近地面空气密度大，就形成高压，于是风从高压吹向低压，即从海洋吹向陆地，形成海风。晚上情况正好相反，风从陆地吹向海面，形成陆风，如图3-32所示。

图3-32　海陆风示意图

动力对流冲击力是由于空气运动受到机械抬升作用而引起的。如图3-33所示，山地迎风坡面会对空气产生抬升。

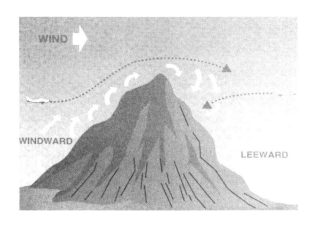

图3-33　山地迎风坡面对空气抬升示意图

对流冲击力对飞行会带来以下影响。

（1）飞机在较低高度飞行，受上升气流或下沉气流影响导致颠簸，上升气流很可能发生在路面或荒地上空，下降气流经常发生在水体或稠密植被的区域之上。

（2）接近地面的对流气流会影响飞行员控制飞机的能力，如：来自全无植被的地形的上升气流会产生漂浮效应，导致飞行员飞过预期的着陆点；相反在一大片水或稠密植被的地区之上会产生下沉效应，导致飞行员着陆在不到预期的着陆点。

3. 风向和风速

风向是指风的来向，最多风向是指在规定时间段内出现频数最多的风向。在气象观测中，风的方向分为16方位，海上多用36个方位表示；在高空则用角度表示。用角度表示风向，是把圆周分成360°，北风（N）是0°（即360°），东风（E）是90°，南风（S）是180°，西风（W）是270°。

根据风对地面物体或海面的影响程度，1806年英国人弗朗西斯·蒲福对风力的大小，从弱到强将风力划分为0到12，共13个等级（表2-1所列），即目前世界气象组织所建议的分级。后来人们发现自然界的风力实际可以大大地超过12级，于是就把风力划分扩展到17级，即总共18个等级。

表2-1　蒲福风级表

蒲福风级	名称	风速（m/s）	风压（帕斯卡）	海岸情形	海面情形	陆地情形
0	无风	0~0.2	0~0.025	风静	海面如镜	静，烟直上
1	软风	0.3~1.5	0.056~0.14	渔舟正可操舵	海面有鳞状波纹，波峰无泡沫	炊烟可表示风向，风标不动
2	轻风	1.6~3.3	0.16~6.8	渔舟张帆时速1-2海里	微波明显，波峰光滑未破裂	风佛面，树叶有声，普通风标转动

（续表）

蒲福风级	名称	风速（m/s）	风压（帕斯卡）	海岸情形	海面情形	陆地情形
3	微风	3.4~5.4	7.2~18.2	渔舟渐倾侧时速3~4海里	小波，波峰开始破裂，泡沫如珠，波峰偶泛白沫	树叶及小枝摇动，旌旗招展
4	和风	5.5~7.9	18.9~39	渔舟满帆时倾于一方捕鱼好风	小波渐高，波峰白沫渐多	尘沙飞扬，纸片飞舞，小树干摇动
5	清风	8.0~10.7	40~71.6	渔舟缩帆	中浪渐高，波峰泛白沫，偶起浪花	有叶之小树摇摆，内陆水面有小波
6	强风	10.8~13.8	72.9~119	渔舟张半帆，捕鱼须注意风险	大浪形成，白沫范围增大，渐起浪花	大树枝摇动，电线呼呼有声，举伞困难
7	疾风	13.9~17.1	120.8~182.8	渔舟停息港内，海上需船头向风减速	海面涌突，浪花白沫沿风成条吹起	全树摇动，迎风步行有阻力
8	大风	17.2~20.7	184.9~267.8	渔舟在港内避风	巨浪渐升，波峰破裂，浪花明显成条沿风吹起	小枝吹折，逆风前进困难
9	烈风	20.8~24.4	270.4~372.1	机帆船行驶困难	猛浪惊涛，海面渐呈汹涌，浪花白沫增浓，减低能见度	烟囱屋瓦等将被吹损

（续表）

蒲福风级	名称	风速（m/s）	风压（帕斯卡）	海岸情形	海面情形	陆地情形
10	暴风	24.5~28.4	375.2~504.1	机帆船航行极危险	猛浪翻腾波峰高耸，浪花白沫堆集，海面一片白浪，能见度减低	陆上不常见，见则拔树倒屋或有其他损毁
11	狂风	28.5~32.6	507.7~664.2	机帆船无法航行	狂涛高可掩蔽中小海轮，海面全为白浪掩盖，能见度大减	陆上绝少，有则必有重大灾害
12	飓风	32.7~36.9	664.2~851	骇浪滔天	空中充满浪花白沫，能见度恶劣	陆上几乎不可见，有则必造成大量人员伤亡

3.2.3 风与无人机的关系

1.空速和地速

无人机在空气中飞行，依靠螺旋桨对周围的空气介质施加作用力而前进，操作遥控器进行的任何打杆动作，影响着飞机相对于空气的运动状态。

飞行器相对于其周边空气介质的速度，称为对空速度，简称"空速"。举个例子，在空中松开气球之后，气球越飘越远，它是被风，即空气介质团的整体裹挟而去的，相对于周围空气几乎没有移动，因此空速为"0"。而相对于地面气球离开的速度简称"地速"。无人机在诸如室内等平静无风的环境里，空速等于地速。而在有风的室外环境，我们静止在地面的人看到的无人机移动速度，还需要考虑它在空气中的相对运动。这时候飞机的地速还应加上风速（顺风飞行）或减去风速（迎/逆风飞行）。即使用同样的动力，顺风飞行，无人机对地速度更快，但空速相对较低，反之也是同样道理。如果空速与风速相同、且方向与风向相反时，会出现什么情况呢？这时，无人机相对于地面悬停在了空中，多用来拍摄固定目标。

风速和无人机的相对速度决定了升力的大小。空速需要得到实时精确的测量，反映给飞控芯片计算机。空速管是飞机上极为重要的测量仪器。空速管也叫皮托管、总压管。它安装在飞机外面气流受到飞机影响较少的区域，一般在机头正前方、垂尾或翼尖前方。为了保险起见，有的飞机安装2套以上空速管。有的飞机在机身两侧有2根小的空速管。美国隐身飞机F-117在机头最前方安装了4根全向大气数据探管，因此该机不但可以测大气动压、静压，而且还可以测量飞机的侧滑角和迎角。

2. 风对飞行的影响

风对飞行的影响主要表现在高空/低空、顺风/逆风/侧风等情况，可以应用升力公式对各种情况进行分析，具体结果为：

①高空顺风：会增大地速、缩短飞行时间、减少燃油消耗、增加航程；

②高空逆风：会减小地速、增加飞行时间、缩短航程；

③高空侧风：会产生偏流，需进行适当修正以保持正确航向；

④低空逆风：会增大空速、减小接地速度、缩短着陆距离，故逆风起飞和着陆；

⑤低空顺风：会减小空速、增大接地速度、增加着陆距离；

⑥低空侧风：会产生偏流，对着陆起飞产生不利影响。

3.2.4 大气稳定度

大气稳定度指整层空气的稳定程度，有时也称大气垂直稳定度。以大气的气温垂直加速度运动来判定。

大气中某一高度的一团空气，如受到某种外力的作用后，产生向上或向下的运动时，可以出现三种情况。

①稳定状态。移动后逐渐减速，并有返回原来高度的趋势。

②不稳定状态。移动后，加速向上或向下运动。

③中性平衡状态。如将它推到某一高度后，既不加速，也不减速，而是在当前位置停下来。

1. 气团

气团是指气象要素（主要指温度、湿度和大气稳定度）在水平分布上比较均匀的大范围空气团。气团的垂直高度可达几公里到几十公里，常常从地面伸展到对流顶层，水平范围内几十公里到几千公里。垂直高度可达几公里到十几公里，常常从地面伸展到对流层顶。

气团按照不同的属性分类不同。按气团的热力性质不同可以分为冷气团和暖气团；按气团的湿度特征差异可以分为干气团和湿气团；按气团的发源地可以分为北冰洋气团、极地气团、热带气团和赤道气团。

气团的变性：当气团在发源地形成后，气团中的部分空气会离开发源地移到与发源地性质不同的地面上，气团中的空气与新地表产生了热量与水分的交换，这样气团的物理属性就会逐渐发生变化，这种变化称为气团的变性。一般来说，冷气团移到暖的地区变性快，而暖的气团移到冷的地区变性慢。这是因为，当冷气团离开发源地后，如果移动到下垫面比较暖的地区，冷空气会下沉，而下垫面的暖空气会上升，这样热量交换比较快，气团比较容易发生变性。

2. 锋及锋面天气

冷、暖气团之间的交界面称为锋面，如图 3-34 所示。锋面与地面的交线称为锋线，锋面与锋线统称为锋。因为不同气团之间的温度和湿度有相当大的差别，而且这种差别可以向上扩展到对流层顶层，如果性质不同的两个气团相遇时，他们之间就形成了锋。由于锋两侧的气团在性质上差别很大，所以会出现强烈的热量和水汽的交换，这种交换最常见的天气现象就是降雨和风。

图 3-34　锋面示意图

锋面可以分为冷锋、暖风和静止锋。

（1）冷锋：冷气团主动向暖气团一侧移动的锋面。云和降水主要出现在地面锋线后且较窄，多大雨；锋线一过云消雨散，天空通常很快放晴；风速增加，出现大风，如图 3-35 所示为冷锋天气预报示意图。

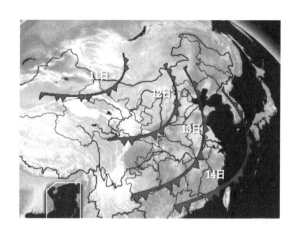

图3-35　冷锋天气预报示意图

（2）暖锋：暖气团主动向冷气团一侧移动的锋面。暖锋过境时，温暖湿润，气温上升，气压下降，天气多转云雨天气。暖锋比冷锋移动速度慢，可能出现连续性的降水和雾（能见度差），如图3-36所示为暖锋。

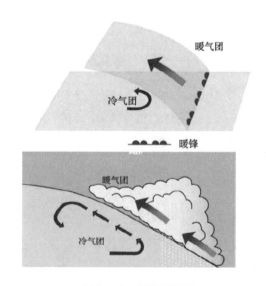

图3-36　暖锋示意图

（3）静止锋：冷暖气团势均力敌，锋面很少移动。常常冷气团稍强向南移一些，忽而暖气团强时向北推一些，使锋面呈现南北摆动的状况，也称准静止锋。春季、初夏和秋天的连阴雨天气和梅雨天气就是受静止锋影响造成的。

3.2.5　大气现象要素

1.降水

降水，是指从天空降落到地面的液态或固态水，包括雨、毛毛雨、雪、雨夹雪、霰、冰粒和冰雹等。

降水物理量的指标包括降水量和降水强度。降水量是指降到地平面而未蒸发、渗透或流失的水层积聚深度，以毫米（mm）为单位，是表征某地气候干湿状态的要素；降水强度是指单位时间内的降水量，常用的单位是mm/10mins、mm/h、mm/d。我国气象部门规定：以24小时为时间单位，总雨量不到10mm的雨为小雨；10.0～24.9mm为中雨；25.0～49.9mm为大雨；50mm或50mm以上为暴雨。

2.雾

地表大气中悬浮的水汽达到饱和水气压时开始凝结，能见度低于1000米时，气象学称这种天气现象为雾。1立方米的空气，气温在4℃时，最多能容纳的水汽量是6.36克；而气温在20℃时，1立方米的空气中最多可以含水汽量是17.30克。如果空气中所含的水汽多于一定温度条件下的饱和水汽量，多余的水汽就会凝结出来，当足够多的水分子与空气中微小的灰尘颗粒结合在一起，同时水分子本身也会相互黏结，就变成小水滴或冰晶。较多的水汽和固态粒子形成了湿漉漉、白蒙蒙的雾。当水滴中含有较多的杂质甚至是污染物时，便是灰黄色的雾霾，如图3-37所示为山区早晨比较常见的雾。

图3-37　山区晨雾

3.云

云是悬浮在大气中的小水滴、冰晶微粒或二者混合物的可见聚合群体，底部不接触地面（如接触地面则为雾），且具有一定的厚度。云的形成必须有足够的水蒸气和凝结核，如图3-38所示。

图3-38　云

在常规气象观测中要测定云状、云高和云量。云量指云遮蔽天空视野的成数。根据国际民航组织的规定，云满天时的云量为8。

云对安全飞行产生不利影响的原因是影响正常的目测。机场上空高度较低的云会直接影响飞机的起降，其中危害最大的云是对流云。

4．雷电

雷电一般产生于对流发展旺盛的积雨云中。云层中有大量的冰晶和水滴，在运动中产生正负电荷。电荷的分布杂乱，总体是云的上部以正电荷为主，下部以负电荷为主，从而在上、下部之间形成电位差。电位差达到一定程度后，就会产生放电，这就是我们常见的闪电现象。闪电的平均电流是 3 万安培，最大电流可达 30 万安培。放电过程中，由于闪电通道中温度骤增，使空气体积急剧膨胀，从而产生冲击波，导致强烈的雷鸣。带有电荷的雷云与地面的突起物接近时，它们之间也会由于电位差而发生放电，释放高能量的光和声音，即形成闪电和雷鸣，如图 3-39。

图 3-39　雷电天气

为了最大限度地发挥无人机的作用，多数无人机都不做防雨设计，所以不能够在雨中飞行。但是现在有些行业无人机需要在潮湿或者阴雨的飞行环境中作业，所以会做防雨设计。

云和弥漫的大雾会影响作业人员对无人机飞行的观察视距，也会令航拍影像模糊不清甚至于变形，无法还原被拍摄地表或物体的状况。

积雨云上部可高达数千甚至数万米，但底部可低至近地面200~500米，这是大部分航测固定翼和旋翼无人机的作业高度。云中大气条件复杂，水汽、电荷充沛，对流运动剧烈，这种环境中无人机和无线链路可能会引起雷击。所以，在温度骤变、雨雾、低云天气时，出于安全考虑无人机应该停止作业。

※ 课后习题

1. 从地球表面到外层空间，大气层依次是（　　）。

　A. 对流层、平流层、中间层、热层和散逸层

　B. 对流层、平流层、热层、中间层和散逸层

　C. 对流层、中间层、平流层、热层和散逸层

2. 对飞机影响最大的阵风是（　　）。

　A. 上下垂直于飞机方向的阵风

　B. 左右垂直于飞机方向的阵风

　C. 沿着飞行方向的阵风

3. 舵面遥控状态时，平飞中向右稍压副翼，无人机（　　）。

　A. 右翼升力大于左翼升力

　B. 左翼升力大于右翼升力

　C. 左翼升力等于右翼升力

4. 一句话解释飞机升力的产生原理。

5.总结归纳飞机飞行中会受到哪些力的作用（至少列出三个）。

6.判断题

（1）飞机的稳定性包括纵向稳定性、横向稳定性、航向稳定性。（对/错）

（2）气象的三大要素为气温、气压和空气湿度。（对/错）

7.雨云雷电对无人机有哪些影响？

第 4 章

无人机组装与保养

4.1 无人机组装

　　无人机的组装是无人机执行飞行任务稳定性和延长无人机使用寿命的基础，从组装结构的角度看，无人机由四个部分组成：动力系统、机身系统、控制系统、任务系统。一般组装不需要任务系统，任务系统根据工作需要，进行安装。

4.1.1 无人机动力系统

　　无人机动力系统包括四个部分：电池、电调、电机和螺旋桨。如图4-1所示。

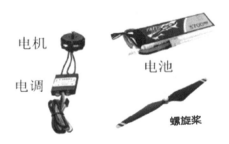

图4-1　无人机动力系统组成

1. 电池

无人机一般选用聚合物锂电池，锂电池有三个核心指标：电压、容量、放电倍率。根据无人机的性能和大小可以选择不同的电池。

电池的电压是用伏特（V）来表示的。标称电压只是厂家按照国家标准标示的电压，实际上使用时电池的电压是不断变化的。聚合物锂电池的标称电压是 3.7V，充电后电压可达 4.2V，现在高压电池充完电在 4.35V 放电后的保护电压为 3.6V。在实际使用过程中，电池的电压会产生压降，这是和电池所带动的负载有关的，也就是说电池所带的负载越大，电流越大，电池的电压就越小，在去掉负载后电池的电压还可恢复到一定值。

2. 电调

电调是航空模型用电子调速器的简称，英文名 Air-modeling ESC。航模电子调速器一般都是无刷电子调速器。电调作用是调节电压大小，并且把直流电逆变为交流电，重要参数是位角和 A 数（通过的最大峰值电流），根据无人机调节位角，依据电池选择 A 数。

3. 电机

电机把电能转变为机械能，我们选择无刷电机，重要的参数是 kv 值和功率，保证电机功率和损耗差值小。

4. 螺旋桨

螺旋桨把机械能转变为动能，为无人机提供升力，大小、材质、动静平衡性能，都能影响无人机的稳定。

4.1.2 无人机机身系统

机身系统包括机身、保护装置和脚架。图4-2为一个多旋翼机身。

机身是无人机的承载身体，若无人机需要稳定，必须让身体固定，不固定的机身会产生振动，导致谐振，从而影响飞控过滤杂波。

保护装置是为了保护无人机的同时也保护他人。

脚架主要作用是支撑多旋翼重力，避免螺旋桨离地太近，而发生触碰。还可以减弱起飞时的地面效应。

图4-2 多旋翼机身

4.1.3 无人机控制系统

控制系统主要是两部分，一个无人机飞行控制系统，简称飞控，也称作自动驾驶仪；另一个就是远程控制系统，也称为遥控器（地面站也可以属于远程控制系统）。

多旋翼的自动驾驶仪，又分为软件部分和硬件部分。其中硬件主要包括：

（1）全球定位系统（GPS）接收器

（2）惯性测量单元（IMU），包括三轴加速度计、三轴陀螺仪、电子罗盘（或磁力计），目的是得到多旋翼的姿态信息

（3）气压计和超声波测距模块

（4）微型计算机

（5）接口

图4-3　某款无人机的飞控

遥控器发送飞控手的遥控指令到接收器上，接收机解码后传给飞控制板，进而多旋翼根据指令做出各种飞行动作。图4-4为futaba遥控器功能定义。

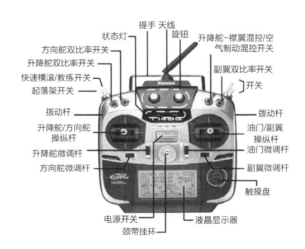

图4-4　futaba遥控器功能定义

4.1.4 无人机组装流程

组装一架无人机，大体可以分为：定机身及前期准备、组装、调试等三个步骤。

1.确定机体组成及前期准备

根据无人机作业需求及材质、局部和大小等要求，首先确定无人机飞控和型号，并根据需求准备相关材料、软件及工具。为了便于大家了解组装工作的细节，本书用Pixhawk飞控组装一台山西航院无人机培训基地S500四轴训练用无人机作为案例进行讲解。

（1）材料准备（图4-5为组装材料包）

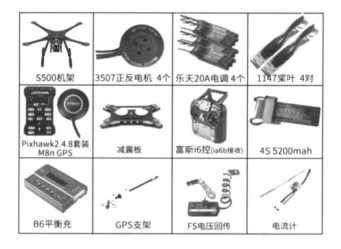

图4-5 无人机组装材料包

① S500机架1套；

②富斯I6遥控器1套（配IA6B接收机，刷10通道固件）；

③富斯电压回传模块1个；

④Pixhawk 飞控 1 套（含飞控 1 个，蜂鸣器 1 个，安全开关 1 个，电流计 1 个，内存卡 1 张），如图 4-6 所示为 Pixhawk 飞控；

⑤减震板 1 个；

⑥M8N GPS 与折叠支架 1 套；

⑦3507 无刷电机 4 个（含香蕉头、热缩管）；

⑧20A 好盈电调 4 个；

⑨1147 碳纤尼龙桨 4 套；

⑩4S 5200mAh30C 锂电池 1 个；BB 响低电压报警器 1 个；B6 平衡充 1 个。

装机辅件：XT60 电源线 1 根，JST 公头线 3 根，尼龙扎带若干，3M 胶 2 块，魔术贴 2 块，电池扎带 1 根，螺丝胶 1 瓶，内六角工具（1.5、2.0、2.5 各一只）。

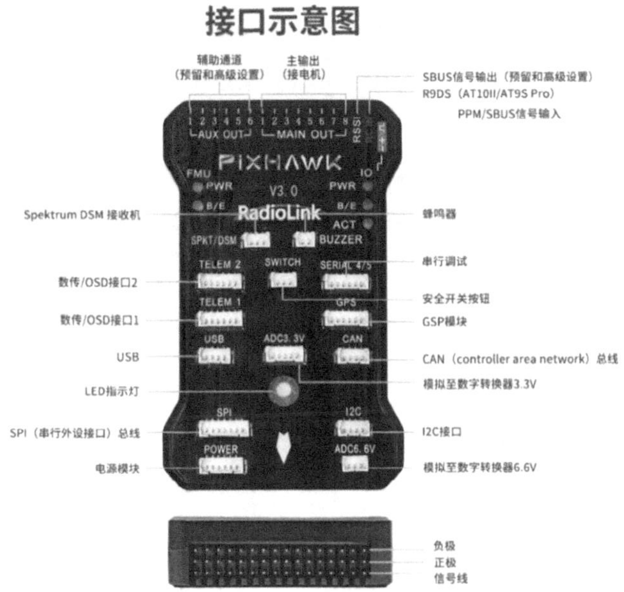

图 4-6　Pixhawk 飞控

（2）软件准备

将Pixhawk飞控通过数据线连接到电脑，根据提示安装硬件驱动。建议使用win10及以上版本操作系统。

下面，下载并安装Mission Planner 地面站调试软件（版本：1.3.62）。解压并打开文件夹以后，找到 missionplanner.exe 文件，双击启动即可。安装完毕后的界面如图4-7所示。

需要注意的是，Mission Planner 的安装运行需要微软的 Net Framework 4.0 组件，当系统缺少Framework4.0插件时，有可能会无法运行。下载Framework4.0安装后再启动Mission Planner调试软件。

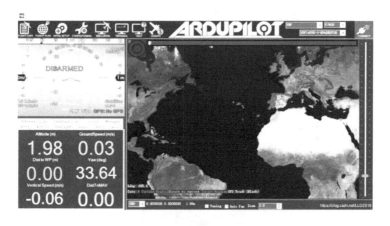

图4-7　Mission Planner软件界面

2. 无人机组装

在无人机组装之前，首先要明确相关注意事项：

①检查机架零部件是否缺少；

②零部件是否有破损、变形；

③螺钉数量是否足够、螺钉长度是否合适；

④正常使用符合规格的螺丝钉，防止螺钉滑丝；

⑤焊接时注意不能有虚焊，防止在飞行过程中因为抖动而导致接口松动；

⑥上螺钉时按照对角线原则拧螺钉，待所有螺钉上完再拧紧；

⑦同颜色机臂装在同一侧方便飞行时辨认机头方向。

无人机组装要经过焊接、机架组装、飞控及配件组装、GPS模块安装、电调接线、接收机接线、安装电池挂板、整理等步骤，具体操作如下。

（1）焊接部分

①第一步：底板焊接

将4个电调、XT60电源线和3根JST公头线如图所示焊接在底板上。如图4-8所示。

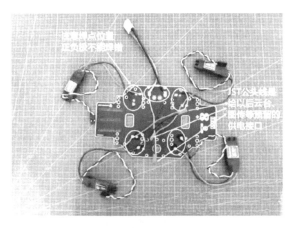

图4-8　底板焊接1

注意：电调与底板之间的焊点不能虚焊，飞行器启动后电流比较大，虚焊会导致发热严重并脱落，造成飞行中的严重事故！JST公头线作为预留给云台和图传供电的接口。在后期加装云台图传时稍显不便需要重新焊接电源线比较麻烦。焊点要光滑饱满，焊锡覆盖整个焊点和接线。焊接好以后用手拖拽测试是否牢固。如图4-9所示。

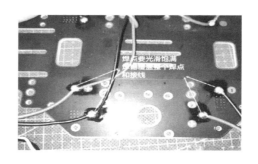

图4-9 底板焊接2

②第二步：电机香蕉头焊接和套上热缩管

QM3507电机需要自己焊接香蕉头。香蕉头焊接也是组装过程中一个重要的地方。香蕉头焊接不好，通电后会导致电机缺相烧毁。香蕉头用纸巾包裹好，夹在老虎钳上。用纸巾的目的是防止焊锡里面的松香融化后流到插头部分，会造成接触不好。焊接时先将焊锡融入香蕉头内并填满，然后再插入电机线。如图4-10所示。

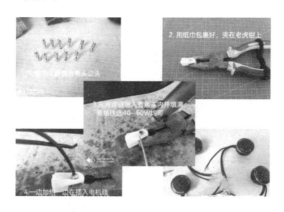

图4-10 电机香蕉头焊接

焊接好冷却后，用手拖拽测试是否牢固。确认没有问题，就可以将热缩管套上，用热风枪或电吹风高温档或打火机，吹烤包裹部分，使其紧贴。如图4-11所示，依次焊接好4个电机的香蕉头，焊接部分完成。

图4-11 套装热缩管

（2）机架组装

①如图4-12所示，先将底板上的固定环和脚架支撑座安装好。

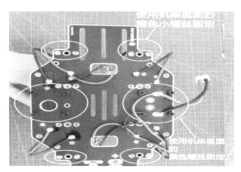

图4-12 安装固定环和脚架支撑座

②电机固定在机臂上。

注意：用机架里面配套的银色大螺丝安装电机。如图4-13所示。

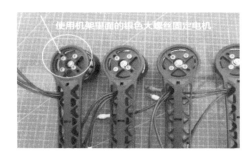

图4-13 固定电机

③用机架里面的银色小螺丝将机臂固定在底板上，螺丝先不用拧得太紧，如图4-14所示。

④安装脚架横杆，并拧紧三通螺丝，如图4-15所示。

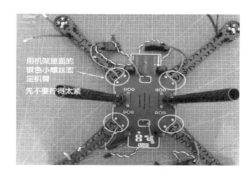 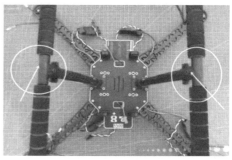

图4-14　固定机臂　　　　　　　　　图4-15　安装脚架横杆

⑤安装机架上板，如图4-16所示。然后将机架上所有螺丝拧紧。

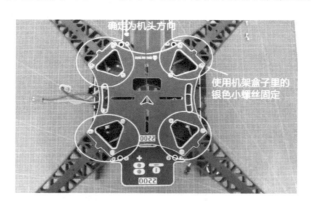

图4-16　安装机架上板

⑥连接电机与电调。

将电机焊接好的香蕉头分别插到电调的3个香蕉头里面，如图4-17所示。四个电机和电调都要分别接好。

注意：先任意连接。无人机正常飞行对电机的旋转方向是有要求的。但做到这步电机还无法启动，等飞控调试好以后，我们再来调整电机的旋转方向。

图4-17　连接电机与电调

（3）飞行控制系统及配件组装

①安装减震板

在安装飞行控制系统（简称：飞控）之前，先要把减震板和减震球组装好。安装小技巧：先将减震球安装于小板上，然后再连接大板。

注意：减震球不可用尖锐的工具安装，减震球破损后就没有减震的功能了。

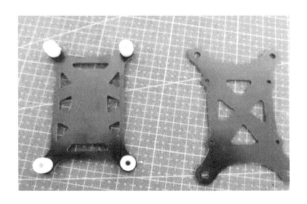

图4-18　将减震球安装到减震板

然后，取一块3M胶，将减震板粘在机架上板中心。可在四个角用尼龙扎带绑扎一下，进一步加固减震板。如图4-19所示。

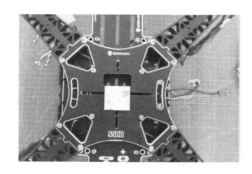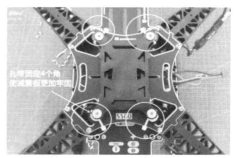

图4-19　安装减震板

②安装飞控

接着，用减震板里面的3M胶将飞控粘贴在减震板上。（注意：飞控的箭头前向就是无人机的机头前向。明确机头前向很重要！涉及后面电机的旋转方向，GPS安装方向和飞行时的前向的确定。）

如图4-20所示，安装飞控必须保证飞控安装在无人机的正中心，必须保证飞控安装在无人机的正中心，必须保证飞控安装在无人机的正中心，使用3M胶固定，3M胶面积要够大，保证黏固牢靠，因为惯性测量单元需要固定，这样才可以正常工作。

其次是布线，线有两种，一种是杜邦线，传输信号，一种是电线，传输电流；两种线尽量分开，这样可以避免干扰。无人机是个高集成的产品，要做好每个细节。

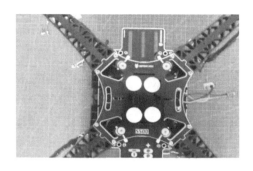 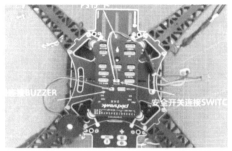

图4-20　安装飞控

③安装电流计

电流计的作用是给飞控提供稳定的5V电源，并且测量电池电压和电流。如图4-21所示。

图4-21　安装电流计

（4）GPS模块安装

需要特别注意的是，GPS的箭头前向一定要和机头前向一致，否则会出现罗盘不一致警报无法解锁。如图4-22所示。

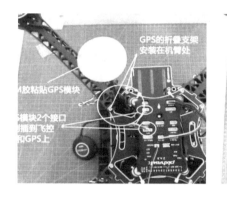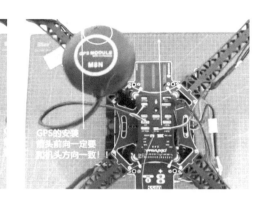

图4-22　安装GPS模块

（5）电调接线

在接线之前，需要对电调进行校准，具体步骤如下。

①将电调的信号线与遥控器配套的IA6B接收机的第三通道（即油门通道）连接，此时第三通道可以直接给电调信号。

②油门打到最大，给电调上电（连上电池），你会听到一段特殊声而后有两个"哗"音。成功捕获最大值。

③在两个"哗"音之后，再将油门摇杆打到最低，然后你会听到几声"哗"音（每一声代表你所使用的电池的一节），随后一个长"哗"声表示终点已被设定而且电调已校准。

④拔下电池。

一个电调油门行程校准完毕，另外三个重复以上步骤即可。

校准无误后，下面就是按照图4-23左侧所示的电机标识，将电机对应的电调连接到飞控主要输出口（main out）1-4通道。电调线从两层板之间穿过到飞控后方。

注意：main out接口是从右边开始第7针脚开始（前面是AUX1-AUX6辅助接口）。电调连接飞控的顺序不能接错。否则会导致飞机解锁推油门就翻跟斗。

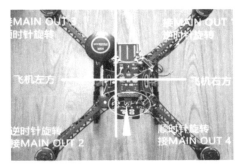

图4-23　电调接线示意图

（6）接收机接线

富斯I6接收机和飞控之间使用PPM信号，所以只用一根3芯杜邦线连接飞控就可以，如下所示4-24所示。

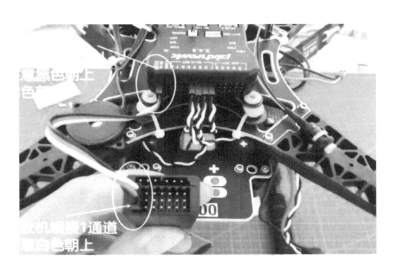

图4-24　接收机接线

（7）安装电池挂板

按照如图4-25所示安装电池挂板。

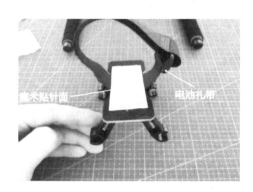

图4-25　安装电池挂板

（8）绑扎整理

接线完成后，用尼龙扎带将模块的连接线绑扎好。尽量做到简洁美观。一方面避免以后桨叶打到；另一方面减少震动和异响。另外，由于电机还没有调试方向，电调暂时不用绑扎。

3. 无人机调试

无人机组装完毕后，在正式使用前，要进行必要的调试工作。对于一名操控多旋翼无人机的新手来说，建议优先选用四旋翼X字布局，这种布局比较稳定。在无人机调试时，一定要认真准确地根据飞控类型等选择安装布局，否则会出现飞机"翻跟斗"。无人机调试分无桨调试和有桨调试。

（1）无桨调试

为了降低在调试时产生的危险，应先将不需要安装桨叶就能调试的内容调试完，再进行必须安装桨叶才能完成的调试内容。

无桨调试主要包括以下内容。

①连接所有电路，接通电源，进行首次通电测试，检查飞行控制器、电调、电动机、接收机、数据传输、图像传输和摄像头等设备是否正常通电，检查有无出现短路或断路现象。

②检查遥控器，进行对频及相关设置，确认遥控器发出的各个通道信号能准确地被接收机接收到并能传送给飞控。

③将飞控连接到计算机，用调试软件（地面站）对飞控进行调试，写固件、设置接收机模式、遥控器校准、电调校准、加速度计校准、陀螺仪校准、设置飞行保护措施、设置飞行模式、通道设置和解锁方式等。

④接通电源，推动油门检查电机的转向是否正确，如果不正确，则通过调换电机任意两根电源线来更换转向。

确认以上内容都调试完毕并能通过遥控器解锁无人机，操作遥控器各个通道，观察无人机是否有相应的反应。无人机还可通过人为改变飞机姿态的方式查看地面站变化情况，如果不正确，则应检查电机型号及安装是否相反。此时即完成了无人机的无桨调试。

（2）有桨调试

有桨调试主要包括以下内容。

①安装螺旋桨，根据电机转向正确地安装螺旋桨。

②限制飞行器，将飞行器举上头顶。轻轻推油门，测试升降舵、副翼、方向舵的动向是否正常。

③飞行测试，通过飞行状态检验飞行器是否正常。

（3）软件调试

电动多旋翼无人机调试内容主要为软件调试，调试内容如图4-26所示。

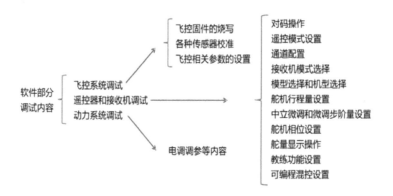

图4-26　无人机软件调试的内容

4.2 无人机的保养

无人机的使用寿命跟日常的维护保养有密切关系，保养得越好，使用寿命越长。下面介绍无人机各部分如何进行维护保养工作。

4.2.1 无人机机身保养

（1）检查飞机机身螺钉、螺栓等是否出现松动，机身结构上飞机机臂是否出现裂痕破损，如有裂痕，尽量更换或者寄回厂家进行检测维修。

（2）检查减震球是否老化（减震球外层变硬或者开裂），如果减震球老化应及时更换。

（3）检查GPS上方以及每个起落架的天线位置是否有影响信号的物体（如带导电介质的贴纸等）。

（4）检查可变形系统机架结构，形变组件在变形过程中是否正常顺滑，影响其变形的污染异物需要及时清理，组件若有损请及时返修。

（5）尽力避免在沙土或者碎石等有小颗粒存在的环境下起飞。如果确需在此环境下作业飞行，在此次无人机飞行之后尽快清理孔隙周围，以减轻对机身以及内部的腐蚀。

（6）不建议在雨雪天气或者雾气较大的天气使用无人机，若无法避免，尽快使用完毕，断电擦干，风干一段时间，或者放到防潮箱吸潮，确定湿气除净后再次使用。

4.2.2　无人机电机保养

（1）清擦电机。及时清除电机机座外部的灰尘、淤泥，如使用环境灰尘较多，最好每次飞行之后清扫一次。

（2）检查和清擦电机接线处。检查接线盒接线螺钉是否松动、烧伤。

（3）检查各固定部分螺钉、螺栓等，将松动的螺母拧紧。

（4）检查电机转动是否正常。用手转动转轴检查是否灵活，有无不正常的摩擦、卡涩、窜轴或异常响声。同时检查电机上各部件是否完备。

（5）若通电之后，某个电机不转或者转速很低，或有异常响声，应立即断电，若通电时间较长，极有可能烧毁电机，甚至损坏控制电路。

4.2.3　无人机螺旋桨保养

螺旋桨是无人机快速消耗设备之一，在日常飞行过程中，更应该多加注意。每一次飞行前后都应该检查桨叶外观是否有弯折、破损、裂缝等，只要有问题的螺旋桨，请弃用更换。

4.2.4 无人机云台相机保养

（1）使用一段时间后，建议检查下排线是否正常连接。

（2）金属接触点是否氧化或污损（可用橡皮擦清洁）、云台链接机身部分是否松动、风扇噪音是否正常。

（3）要注意不要用手直接触摸相机镜片，被污染后可用软布蘸镜头清洁剂轻轻擦去污渍。

（4）系统通电之后，检查云台电机运转是否正常。

4.2.5 无人机遥控器保养

（1）不要在潮湿、高温的环境下使用或放置遥控器，因为那样很容易使遥控器内部元件损坏，或加速遥控器内部元件的老化，也会造成外壳变形。

（2）避免让遥控器受到强烈的震动或从高处跌落，以免影响内部构件的精度。

（3）注意检查遥控器天线是否有损伤，遥控器的挂带是否牢固以及与航拍器连接是否正常，如果遇到不能解决的情况请及时联系售后处理。

（4）在使用或者存放过程中，尽量不要"弹杆"。

（5）检查遥控器的各个接口处是否有异物或者接触不良的情况。

（6）注意遥控器的电量。

4.2.6　无人机电池保养

（1）应定期检查电池主体、把手、线材、电源插头，观察外观是否受损、变形、腐蚀、变色、破皮，以及插头与飞机的接插部分是否过松。

（2）飞行结束后电池温度较高，需待飞行电池温度降至40℃以下再对其充电（飞行电池充电最佳温度范围为5℃至40℃）。飞行作业结束后，建议对电池进行慢速充电。

①夏季：从户外高温放电后或高温下取回电池最好不要立即进行充电，待电池表面温度下降后再对其进行充电，这样可以大大提高电池的寿命周期。夏季气温比较高，电池最好不要暴晒在阳光下。

②冬季：电池放电后采取有效的保温措施（如使用保温箱保存），以确保电池的温度保持在5℃以上，低温环境下电池的续航时间会有明显的缩短，出现低电量报警后，需立即返回降落。

（3）电池使用和保养的注意事项：

①防止电池过放

电池的放电曲线表明，刚开始放电时，电压下降比较快，但放电到3.9~3.7V之间，电压下降不快。但一旦降至3.7V以后，电压下降速度就会加快，控制不好就导致过放，轻则损伤电池，重则电压太低造成炸机。如果在飞行作业时电池储备量较少，就容易造成过放，这样会导致电池很短命。可以采取的策略是，尽量少飞一分钟，寿命就多飞一个循环。宁可电池多备两块，也不要每次把电池飞到超过容量极限。要充分利用电池报警器，出现报警指示就应尽快降落。

②防止电池过充

为了防止过充，一定要选择合格合适的充电器。有些充电器在充满以后的断电功能不完善，导致单片电池充满到4.2V还没有停止充电，另外，有些充电器使用一段时间以后，因为元器件老化，也容易出现充满不停止的问题，这极易导致过充。因此，锂聚电池充电的时候一定要有人照看，当发现充电时间过长时，要人工检查充电器是否出现故障，如果出现故障要尽快拔掉电池，否则锂聚电池过充的话，轻则影响电池寿命，重则直接出现爆炸起火。此外，充电时一定要按照电池规定的充电C数或更低的C数进行充电，不可超过规定充电电流。

③使电池不满电保存

充满电的电池，不能满电状态下保存超过三天，如果超过一个星期不放电，会导致电池鼓包甚至报废。因此，电池正确的保存方式是，在接到飞行任务后再充电。电池使用后如在三天内没有飞行任务，请将单片电池电压充至3.80~3.85V保存。再有，充好电后因各种原因没有飞，也要在充满后3天内把电池放电到3.80~3.85V保存。如果在三个月内暂不使用电池，将电池充放电一次后继续保存，这样可延长电池寿命。电池保存应放置在阴凉的环境下贮存，长期存放电池时，最好能放在密封袋中或密封的防爆箱内，建议环境温度为10~25℃，且干燥、无腐蚀性气体。

④防止损坏电池外皮

电池的外皮是防止电池爆炸和漏液起火的重要结构，锂聚电池的铝塑外皮破损将会直接导致电池起火或爆炸。电池要轻拿轻放，在无人机上固定电池时，扎带一定要束紧。因为无人机在做大机动飞行或摔机时，电池会因为扎带不紧而甩出，这样也很容易造成电池外皮破损。

⑤防止电池短路

短路的情况往往发生在电池焊线维护和运输过程中。短路会直接导致电池打火或者起火爆炸。电池在使用一段时间后，如果出现断线的情况需要重新焊线时，特别要注意电烙铁不要同时接触电池的正极和负极。此外，在运输电池的过程中，最佳的选择是，将每块电池都单独套上自封袋，并放置于电池防爆箱内，防止因颠簸和碰撞导致某片电池的正极和负极同时碰到其他导电物质而短路或破皮而短路。

⑥远离农药

农药对电池有一定腐蚀性，部分农药属易燃助剂。不正确的使用方式还可能对电池的插头产生腐蚀。因此，用户在充电后、实际作业时必须避免药物对电池的腐蚀。作业结束后电池放置时必须远离药物，这样才能减少药物对电池的腐蚀。

⑦应急处置

为了确保安全，无人机电池要在指定的区域进行充电。充电区域要远离人员集中空间，周围无杂物堆放，通道畅通，并配备二氧化碳灭火器、消防沙、石棉毯等灭火设备。切记不要使用干粉灭火器，因为干粉对固体金属化学火灾需要大量粉尘覆盖，且对设备有腐蚀作用，污染空间。二氧化碳不污染空间和腐蚀机器，但只能达到对火苗瞬间抑制作用，需要配合沙石、石棉毯使用。

隔离窒息是应对锂电池燃烧的最好方法。电池在充电发生起火时，首先切断设备电源。用石棉手套或火钳摘下燃烧的电池，搁置于地面或消防沙桶中。用石棉毯盖住地面上电池燃烧的火苗，将消防沙掩埋到石棉毯上隔绝空气将其窒息。同时，要根据情况及时报告或拨打119处理，最大限度减少财产损失和人员伤害。

若需将使用殆尽的电池报废，应用盐水完全浸泡电池72小时以上，确保完全放电后再进行晾干报废。

4.2.7 无人机修复性维护维修

（1）更换电机、电机连接座。安装电机连接座，再把电机线从连接座处送入，沿着飞机机臂的一端送到机臂的另一端，并按照之前标记的顺序连接线头，并用绝缘胶带进行紧固。最后安装电机，拧紧螺丝。

（2）更换螺旋桨。将无人机放置在水平地面上，在无人机水平的情况下，将水平尺放在电机平面上进行电机调平。如果无人机一侧的机身不绝对水平，则调整此方向电机与机身水平尺一致。如果机身因损坏而没有水平，则需要整体返厂更换机架。调试完毕后，紧固所有螺钉，进行飞机上电检测。无人机上电正常后，启动电机，观察螺旋桨旋转状态，观察螺旋桨旋转方向是否正确，各螺旋桨的旋转是否共面。

（3）低高度试飞。控制飞机在距离地面3米之内试起飞，观察飞机悬停是否平稳，姿态是否正常。

※ 课后习题

1. 无人机组成有（   ）、（   ）、（   ）、任务系统四部分。

2. 下面无人机动力系统不包括（   ）。

    A.电池　　　B.电机

    C.螺旋桨　　D.电台

3. 无人机组装时，焊接底板需要注意什么？

4. 组装结束后，如何进行电调校准？

5. 无人机保养时，电池注意事项有哪些？

第 5 章

无人机法规、空域 与操控员

作为一名合格的无人机飞手和从业人员，要牢固树立"敬畏生命、敬畏规章、敬畏职责"的观念，在法律法规允许范畴内，安全、规范地开展无人机飞行作业。本章节将重点介绍无人机相关的法律法规、空域管理和操控员管理的有关规定。

5.1 无人机运行管理法规

5.1.1 国际组织及有关国家运行管理

民用无人机法律法规的历史可以追溯到二战时期，1944年全球建立了第一个航空法规——《芝加哥公约》，其中第八条提到无驾驶员航空器并强调其运行需要特殊授权。进入21世纪后，随着无人机技术快速发展，各国际组织和国家陆续制度法律法规加强对无人机运行的管理。

1. 国际民航组织ICAO

ICAO作为国际官方组织主要关注全球范围民航基本监管框架，并提供信息资料、标准和建议做法。早期阶段ICAO认为针对无人机驾驶航空系统（UAS，Unmanned Aerial System）没有制定新的标准和建议措施的必要，只是对观念、概念和术语进行了协调。2011年3月ICAO无人机驾驶航空系统研究组公布了《无人机驾驶航空系统（UAS）》（Cir328号），以确保遥控驾驶航空器系统（RPAS，Remotely Piloted Aircraft System）符合《芝加哥公约》的规定。

对于无人机运行管理，ICAO已经确定以运行为中心、以风险为基准，分类分级管理的方法。针对大型无人机类别，2014年5月空中航行委成立RPAS专家组，提出RPAS管理与传统航空管理方法保持一致。针对其他类型无人机，ICAO在2016年采用开放的管理理念开发了无人机工具包，从无人机空中交通管理系统、注册体系、网络系统实现物流运输等方面进行指导。

针对越来越多的轻小型无人机进入地高空域运行，ICAO在2019年发布《UTM——一个具有核心边界的全球统一的共同框架》，对实施无人机交通管理系统（UTM，UAS Traffic Management）的国家提供系统的框架和核心功能指导。

2. 无人系统规则制定联合体JARUS

无人系统规则制定联合体（JARUS，Joint Authorities for Regulation of Unmanned System）是一个由65个国家和国际组织参加的具有广泛影响力的无人机政策研究和制定组织，旨在统一标准、支持促进各国无人机法规制定，于2008年在德国科隆成立。

JARUS在2015年4月提出无人机运行管理分类：开放类、特定类和审定类。

（1）开放类：不要求无人机运行人在开始运行前获得授权或提交声明，通过运行限制、无人机技术要求和驾驶员能力要求等确保运行安全。

（2）特定类：要求无人机运行人在开始运行前进行风险评估，并采取相应的风险缓解措施保障运行安全，以获得无人机运行授权。

（3）审定类：管理机制与有人驾驶航空类似，无人机、驾驶员、运营人等都需要进行审定。

经过四年的征求意见和完善，2019年发布最新的《UAS运行分类》，为无人机运行提供全方位的策略建议。

3. 欧洲EASA

欧洲航空安全局（EASA，European Aviation Safety Agency）在2018年8月修订的第（EU）2018/1139号基本法规提出为所有无人机制定共同规则。EASA是最早采用无人机运行三个分类（开放类、特定类和审定类）的官方机构，并针对三个类别分别制定法规体系。

针对开放类和特定类无人机运行，EASA先后发布了运行人、运行规则和程序的规定；针对审定类无人机，EASA正在修订完善初始适航、持续适航、运行、飞行员执照等相关规定。随着电动垂直起降飞行器（eVTOL）技术的发展，EASA也发布了新型垂直起降飞行器的适航框架指导建议。

4. 美国FAA

美国的无人机技术和产业处于世界领先地位。1990年，美国准许无人机进入国家空域系统，美国联邦航空局（FAA）在无人机适航领域颁布了一些政策文件，但又在2007年下令禁止无人机民用商业运行。随着民用无人机的发展，《2012年FAA现代化与重组法案》授权由FAA负责UAS国家空域融合运行工作，其中第333节成为FAA对小型商用无人机给予豁免的重要依据。

FAA关注无人机的实际应用，基于民用无人机应用成熟度开展运行管理，因此制定了按照运行风险由低到高逐渐融入空域的发展路线。目前，FAA运行管理以小型无人机（Small Unmanned Aerial System，SUAS）为主，根据起飞重量与使用目的将无人机运行进行分类。针对起飞重量在25kg以下的SUAS，2016年FAA颁布了第107部规章，与之配套的《小型无人机驾驶航空系统》（AC 107-2）咨询通告提供了运行限制、驾驶员认证、无人机注册和标记、无人机维护维修等方面的指导，用于规范SUAS的运行。FAA 107部中定义的小型无人机是指起飞重量包括机载或以其他方式附着到飞机上的一切物体，模型航空器不属于SUAS的范畴，采取不同的运行管理方式。《2018年FAA再授权法案》明确了无人机运行的许可规则，并建立了一套基于风险评估的许可标准，以完善无人机运行的风险控制机制。2019年1月，美国交通部发布107部拟议修订通知，107部修订后，将允许UAS在满足某些条件下，无人机可以在夜间或人群上空飞行，满足技术进步和市场发展对运行管理法律法规的要求。

综合来看，无人机如果在美国空域运行，主要途径可分为三类。

1. 小于25千克的无人机，按照107部规定在G类空域运行，不需要任何批准或授权；如果超出107部的运行限制，需要申请豁免获得FAA的批准；若在机场附近管制空域飞行，需要通过低空授权和通告能力（LANNC）系统的UAS服务商（USS）获得空管部门的批准；同时需要运行限制豁免与空中交通控制中心（ATC）批准时，FAA统一受理。

2.对于大于25千克的商业用途无人机，需要按照《2018年FAA再授权法案》44807节/FEAAS 2210向FAA申请豁免，获得豁免或授权书（Certificate of Waiver or Authorization，COA）。进入管制空域飞行，遵守相应空域的飞行规则，ATC为其提供管制服务。

3. 除此以外，无人机进入NAS空域运行参照有人机管理，需要型号设计与适航认证。

5.1.2 我国运行管理

近年来，随着我国民用无人机技术和产业的快速发展，无人机黑飞、扰航事件频发，民用无人机飞行活动的监管已经被民航局提上日程，并且已经在空中交通管理、适航管理、驾驶员管理、运行管理等方面颁布了一系列规范性文件。

如表5-1所列，2015年民航局发布针对民用无人机运行管理的咨询通告《轻小型无人机运行管理规定（试行）》，提出了适用运行管理的无人机7个分类，并对运行要求进行了规定；2016年9月民航局发布《民用无人驾驶航空器系统空中交通管理办法》，规定民用无人驾驶航空器仅允许在隔离空域内飞行；2017年5月发布《民用无人驾驶航空器实名制登记管理规定》，对在我国境内最大起飞重量为250克以上（含250克）的民用无人机拥有者进行实名登记进行规定；2018年8月发布《民用无人机驾驶员管理规定》，按照等级、型别、类别分类对民用无人机系统驾驶员的资质进行管理；2018年8月发布的《无人驾驶航空器系统作业飞行技术规范》，对无人驾驶航空器系统开展作业飞行时的基本要求、作业组织与实施、维修与保养、数据传输、异常处置等进行规定；2019年发布的《特定类无人机试运行管理规程（暂行）》，提出了特定类运行合格审定的申请审批流程与要求；2022年3月发布的《民用微轻小型无人驾驶航空器系统运行识别概念（暂行）》，面向运行场景、基于运行风险，针对民用微轻小型无人驾驶航空器系统提出的飞行活动管理要求。

综合看来，目前中国民用无人机管理法律法规体系仍不健全，由国务院、中央军委空中交通管制委员会办公室组织起草的民用无人机管理上位法《无人驾驶航空器飞行管理暂行条例》仍在立法进程中，其他上位法都是针对有人航空，基于这些上位法制定无人机法规体系并不适用。民用无人机运行管理的行业规章（CCAR-92）仍在制定中，现有的规范性文件主要解决轻小型无人机运行安全问题，导致目前大量无人机飞行活动仍处于无监管状态。

表5-1　我国民用无人机法规/技术规范体系（正在完善中）

法律法规	名称	发布单位	主要内容
法律	《中华人民共和国民用航空法》	全国人大常委会（最新修改时间2021年4月29日）	对民用航空器、飞行活动、机场、航空人员、公共航空运输、通用航空等做出规定
法规	《中华人民共和国飞行基本规则》	国务院令第312号；国务院、中央军委令第509号	规范我国境内的飞行活动
	《通用航空飞行管制条例》	国务院、中央军委令第371号	对通用航空的业务范畴、飞行空域的划设与使用、飞行活动的管理、飞行保障、法律责任等进行规定
	《无人驾驶航空器飞行管理暂行条例（征求意见稿）》	立法进程中	从无人机系统、驾驶员、飞行空域、飞行运行、法律责任等方面规范无人机飞行活动
规章	无人机规章（CCAR-92）	立法进程中	按照不同类别对民用无人机的运行运营、人员管理、性能等进行规定
	《民用无人驾驶航空器操控员管理规定（征求意见稿）》	民航局（意见征求中）	根据《民用航空器驾驶员合格审定规则》（以下简称CCAR-61部）第61.29条规定，对无人机操控员执照、合格证、等级和操控员管理等进行规定

（续表）

法律法规	名称	发布单位	主要内容
规范性文件	《轻小无人机运行规定（试行）》	民航局（2015年12月）	根据机身重量、起飞重量等对轻小无人机进行分类，并明确各类无人机的运行要求
	《民用无人驾驶航空器系统空中交通管理办法》		民用无人驾驶航空器仅允许在隔离空域内飞行
	《民用无人驾驶航空器实名制登记管理规定》		对在我国境内最大起飞重量为250克以上（含250克）的民用无人机拥有者进行实名登记进行规定
	《民用无人机驾驶员管理规定》		按照等级、型别、类别分类对民用无人机系统驾驶员的资质进行管理
	《无人驾驶航空器系统作业飞行技术规范》		对无人驾驶航空器系统开展作业飞行时的基本要求、作业组织与实施、维修与保养、数据传输、异常处置等进行规定
	《特定类无人机试运行管理规程（暂行）》		提出特定类运行合格审定的申请审批流程与要求
	《民用无人机产品适航审定管理程序（试行）》		对纳入适航管理的民用无人机及其相关产品的设计/生产批准函和适航证明的申请、受理、审查和颁发，以及对证件持有人的管理和监督

（续表）

法律法规	名称	发布单位	主要内容
	《民用无人机系统适航审定项目风险评估指南》		
	《民用微轻小型无人驾驶航空器系统运行识别概念（暂行）》		面向运行场景、基于运行风险，针对民用微轻小型无人驾驶航空器系统提出的飞行活动管理要求

5.2 空域与低空空域

5.2.1 空域

1.空域概念

空域又称可航空间，是指地球表面以上可供航空器运行的空气空间。

2.空域的属性

空域具有自然属性、技术属性和社会属性特征。

（1）自然属性

自然属性是指空域具有明确的下界（例如地表、水域表面）、特定的气候状况（例如大气环流、气象状况等）和其他自然地理特征，例如地磁场等。

（2）技术属性

技术属性是指各种技术手段形成的信息场，主要有以下几种：通信手段，包括VHF、HF、SATCOM等形成的通信场；导航手段，包括VOR/DME、GPS、GNESS等形成的导航场；监视手段，包括PSR、SSR、ADS等形成的监视场。用于描述空域技术属性的指标包括所需通信能力（RCP）、所需导航能力（RNP）、所需监视能力（RSP）和所需空中交通管理能力（RATMP）。

（3）社会属性

空域的社会属性包括主权属性、安全属性以及资源属性。

空域属于国家所有，要求制定统一的空域法规和政策，制定统一的空域开发、使用及控制计划等。《国际民用航空公约》规定"缔约各国承认每个国家对其领土之上的空气空间享有完全的排他的主权"。《中华人民共和国民用航空法》明确规定"中华人民共和国的领陆和领水之上的空域为中华人民共和国领空，中华人民共和国对领空享有完全的、排他的主权"。一个国家对其国家空域具有所有权、管辖权和管理权。

安全性包括国家安全、公共安全和航行安全。其中航行安全涉及航空器、航空法规、航空管制和空中交通服务设施等。空域管理在重视航行安全的同时，还应该考虑到空域使用的国家安全和公共安全。为此，依据国家安全和公共安全的需要，将空域划分为限制使用空域和公共活动空域。限制使用空域是指不对公众飞行活动开放的专属区域，包括空防保护区、禁区、限制区、危险区、军事训练空域、特殊专用空域等，这些空域通常是和国家安全、公共安全密切相关的。

资源属性是指空域是一种特殊的国家重要资源，作为航空器在空间的载体，有其自身的经济价值，体现在为公共运输、通用航空和军事航空服务上，进而体现在空域的充分利用和空域的科学划设上。空域得到合理、充分利用，就能产生巨大经济效益，否则就是一种资源浪费。

5.2.2　空域管理

空域管理是指按照各国家法律规定以及国际民航组织相关标准的要求，对空域资源进行规划、管理和设计的一项工作。空域规划、管理和设计涉及航空运输的参与者在安全、有序、正常的环境和规则下运行。为了能为航空器提供安全、及时、有效、正常的管制服务、飞行情报服务和告警服务，防止航空器空中相撞或者航空器与地面障碍物相撞，保证飞行安全，促使空中交通有秩序地运行，必须对空域资源进行规划、管理和设计。

空域管理有广义和狭义之分。广义的空域管理包括空域划分、流量控制、航路优化设计、飞行程序设计和飞行管制等内容。而狭义的空域管理仅指飞行管制。对空域进行规划和管理，是为了充分有效地利用天空资源，建立合理有序的空中交通秩序；合理科学的空域规划，可以在充分保证空中交通安全的前提下，最大限度地增加飞行流量。

空域管理的实现方式是对空域的"时分共用"，以及经常性地按照各种短期需求划分空域，以满足不同类型用户的需要。

按照国际民航组织有关要求，各国空域管理应遵循三大原则，即主权性原则、安全性原则和经济性原则。主权性原则主要是指空域管理代表各国主权，不容侵犯，具有排他性；安全性原则主要是指在有效的空域管理体系下，确保航空器空中飞行安全，具有绝对性；经济性原则主要是指在确保飞行安全性基础上，科学地对空域实施管理，保证航空器沿最佳飞行路线、在最短时间内完成飞行活动，具有效益性。

5.2.3 空域划分

1.国际民航组织空域划分方法

国际民航组织（ICAO）标准中把空域分为A、B、C、D、E、F、G七类。

A类，只允许仪表飞行规则（IFR）飞行，所有飞行均受到空中交通管制（ATC）服务的约束，且所有航空器之间配备间隔，实现地空双向通信。

B类，允许IFR和目视飞行规则（VFR）飞行，所有飞行均受到ATC服务的约束，且所有航空器之间配备间隔，要求实现地空双向通信。

C类，允许IFR和VFR飞行，所有飞行均受到ATC服务的约束，在IFR飞行之间、IFR和VFR飞行之间配备间隔。VFR飞行只需与IFR飞行保持必要的间隔，并接收关于其他VFR飞行的交通情报，所有飞行要求实现地空双向通信。

D类，允许IFR和VFR飞行，所有飞行均受到ATC服务的约束，IFR飞行与其他IFR飞行之间配备间隔，并接收关于其他VFR飞行的交通情报。VFR飞行接收关于所有其他飞行的交通情报，所有飞行要求实现地空双向通信。

E类，允许IFR和VFR飞行，IFR飞行受ATC服务的约束，与其他IFR飞行之间配备飞行间隔，还要求实现地空双向通信；VFR飞行进入空域不需要ATC许可，不需要实现地空双向通信。

F类，允许IFR和VFR飞行，对IFR飞行提供交通咨询服务和飞行情报服务，对VFR飞行提供飞行情报服务。

G类，允许IFR和VFR飞行，提供飞行情报服务，不需要配备间隔。

2.美国空域划分

1933年，美国依据国际民航组织空域分类标准对其空域进行了分类，共分为A、B、C、D、E、G六类，其中A、B、C、D、E类空域为管制空域。

A类，高度范围为平均海平面高度18000英尺（含）到标准气压高度60000英尺（含）之间，水平范围为美国大陆（48个州包括阿拉斯加州和夏威夷州）以及海岸线向外延伸12海里之上的空间，主要满足高空航路区域的IFR飞行。

B类，为终端管制区，一般建立在繁忙机场附近，高度范围为地表至平均海平面高度1000英尺（含），呈三环阶梯结构。

C类，机场雷达服务区，一般建立在中型机场附近，终端区内的机场必须具有塔台和进近雷达管制单位，呈半径5海里、10海里两环阶梯结构分布，并附有20海里的外围进近管制空域。

D类，也称为管制地点，一般划设在拥有管制塔台的小机场。这类机场的交通流量非常小，主要为机场区域范围内运行的VFR飞行和IFR飞行提供管制服务。D类空域划设的目的是使飞机从航路飞行至目的地机场的全过程能为管制空域所覆盖。标准的D类空域为一个半径4.3海里的环形结构，高度范围通常为地表至场压高度2500英尺，同时包括场压高度1000英尺至地面的仪表进近程序以及地面值相邻管制空域下限的仪表离场程序。

E类，也称为过渡区，是美国面积最大、应用最广泛的一类空域，是除A、B、C、D类空域范围以外的管制空域，可以同时存在IFR飞行和VFR飞行，IFR飞行进入E类空域需要ATC许可，须保持双向无线电通信。

G类，美国的非管制空域，可以同时存在IFR和VFR飞行，航空器可以自由进入G类空域，飞行安全由飞行员自己负责。高度范围从地表至真高1200英尺；在美国西部山区、当空域不包含航路区域时，该空域也是G类空域，这时G类空的高度范围是地表至平均海平面高度14500英尺。

此外，美国还有一些其他类型的空域：特殊用途空域、禁区、限制区和军事行动区（MOA）。

3. 欧控空域分类

欧盟执行国际民航组织的空域分类标准，但根据自己的需要提出了一个空域大类分类方式。由于欧洲各国面积狭小，空域零碎，为避免各国执行不同的空域分类和划分方式，导致国际飞行在各国之间频繁转换空域类型，希望统一欧洲各国的空域分类标准、统一划分空域，欧控（Eurocontrol）提出U、N、K三类空域，进一步简化空域分类方式。

U类空域为未知空中交通环境的空域，属于非管制空域，相当于G类空域，空管部门不提供间隔服务，根据需要和申请提供飞行情报服务和告警服务。

N类空域代表已知交通环境空域，相当于ICAO标准中的A、B、C、D类，空管部门对IFR飞行之间、IFR和VFR飞行之间提供间隔服务，对所有航空器提供飞行情报服务和告警服务。

K类空域为部分获知交通环境的空域，相当于E、F类空域，空管部门仅对IFR飞行之间提供间隔服务，仅对IFR飞行提供飞行情报服务和告警服务。

4. 我国空域的划分

目前，我国没有依据ICAO空域分类标准实行空域分类，现有的空域体制不完善，限制了通用航空事业的发展。我国的空域分为飞行情报区、管制区、限制区、危险区、禁航区、航路和航线。

（1）飞行情报区

飞行情报区是为了提供飞行情报服务和告警服务而划定范围的空间。为了便于对在中国境内和经国际民航组织批准由我国管理的境外空域内飞行的航空器提供飞行情报服务，全国共划分沈阳、北京、上海、广州、三亚、昆明、武汉、兰州、乌鲁木齐、香港和台北11个飞行情报区。

飞行情报区包含我国境内上空，以及由国际民航组织亚太地区航行会议协议、并经国际民航组织批准由我国提供ATC服务的、毗邻我国公海上空的全部空域以及航路结构。

（2）管制区

管制空域是一个划定的空间，管制空域根据所划空域内的航路结构和通信、导航、气象、监视能力划分，以便对所划空域内的航空器飞行提供有效的ATC服务。我国将管制空域分为A、B、C、D四类。

A类空域（高空管制区），在我国境内6600米（含）以上的空间，划分为若干个高空管制空域。在此空域内飞行的航空器必须按照仪表飞行规则飞行并接受ATC服务。

我国高空管制区共计27个，分别是沈阳、哈尔滨、大连、海拉尔、北京、太原、呼和浩特、上海、合肥、济南、青岛、南昌、厦门、广州、长沙、南宁、桂林、三亚、昆明、成都、贵阳、拉萨、武汉、郑州、兰州、西安、乌鲁木齐。

B类空域（中低空管制区），在我国境内6600米（不含）以下、最低高度层以上的空间，划分为若干个中低空管制空域。在此空域内飞行的航空器，可以按照仪表飞行规则飞行，如果符合目视飞行规则的条件，经航空器驾驶员申请，并经中低空管制室批准，也可以按照目视飞行规则飞行，并接受ATC服务。

C类空域（进近管制空域），通常是指在一个或几个机场附近的航路汇合处划设的便于进场和离场航空器飞行的管制空域。它是中低空管制空域与塔台管制空域之间的连接部分。其垂直范围通常在6000米（含）以下、最低高度层以上；水平范围通常为半径50千米或走廊进出口以内的除机场塔台管制范围以外的空间。在此空域内飞行的航空器，可以按照IFR飞行；如果符合VFR条件，经航空器驾驶员申请，经进近管制室批准，也可以按照目视飞行规则飞行，并接受ATC服务。

D类空域（塔台管制空域），通常包括起落航线、第一等待高度层（含）及其以下地球表面以上的空间和机场机动区。在此空域内运行的航空器，可以按照IFR飞行。如果符合VFR条件，经航空器驾驶员申请，经塔台管制员批准，也可以按照目视飞行规则飞行，并接受ATC服务。

我国民用航空管制空域分类所存在的问题。

①所有空域都是管制空域，没有按照空域性质进行分类管理和立体分层，空域闲置浪费现象严重，空域资源利用率低。

②缺乏非管制空域，所有飞行都必须经管制许可，而飞行计划的申报和审批程序复杂，周期长，制约了通用航空的发展。

③ATS能力与空域分类不匹配，存在空域闲置或ATS压力。

④空域以静态计划管理为主，条块分割，未形成有效的灵活空域使用机制。不同空域用户对空域使用需求的不断增加，矛盾日益突出。

5.2.4 低空空域

1.低空空域的概念

低空空域通常是指真高1000米（含）以下的空域范围。微小轻型无人机以及用于通航作业飞行的无人机，飞行高度大多集中在1000米以下空域。

2.低空空域的划分

我国对于低空空域的划分与国际民航组织划分不同，是按照管制空域、监视空域和报告空域来进行划分的。

管制空域，允许VFR飞行及IFR飞行，使用前须进行飞行计划申请，空中交通管制部门须掌握飞机飞行动态，对空域内的所有飞机提供ATC服务、飞行情报服务及告警服务，管制部门与航空器能保持连续双向地空通信。

监视空域，允许VFR飞行及IFR飞行，航空用户报备飞行计划，空中交通管制部门监视飞行动态，提供飞行情报服务和告警服务，根据低空飞行用户请求和飞行安全需要提供ATC服务，管制部门与航空器能保持连续双向地空通信。

报告空域，允许VFR飞行，航空用户报备飞行计划，并向空中交通管制部门通告起飞和降落时刻，自行组织实施并对安全负责，空中交通管制部门根据用户需求，提供航行情报服务，组织飞行的单位或个人与航空器保持双向地空通信畅通。

在空中禁区、空中危险区、国境地带、全国重点防空目标区和重点防空目标周围一定区域上空，以及飞行密集地区、机场管制地带等区域，原则上不划设监视空域和报告空域。

各类低空空域垂直范围原则为真高1000米以下，可根据不同地区特点和实际需要，具体划设低空空域高度范围，报批后严格掌握执行。

民航局会同空军研究论证在现行航路内、高度4000米（含）以下，按监视空域管理办法为通用航空飞行提供空中交通。

5.2.5 空域运行要求

根据民航局2016年9月印发的《民用无人驾驶航空器系统空中交通管理办法》规定，民用无人驾驶航空器仅允许在隔离空域内飞行。日前，《无人驾驶航空器飞行管理暂行条例》正在征求意见，按照该条例的规定，科学区分不同类型无人机飞行特点，以隔离运行为主、兼顾部分混合飞行需求，明确飞行空域的水平、垂直范围和使用时限。在实际运行实际中，我国民用遥控驾驶航空器系统使用空域分为混合空域和隔离空域。混合空域是指有其他载人航空器同时运行的空域。隔离空域是指专门分配给遥控驾驶航空器运行的空域，通过限制其他载人航空器的进入以规避碰撞风险。

1. 空域申报

（1）通用航空空域申请

根据《通用航空飞行管制条例》中关于申报空域的规定如下。

从事通用航空飞行活动的单位、个人，根据飞行活动要求，需要划设临时飞行空域的，应当向有关飞行管制部门提出划设临时飞行空域的申请。划设临时飞行空域的申请应当包括下列内容：

①临时飞行空域的水平范围、高度；

②飞入和飞出临时飞行空域的方法；

③使用临时飞行空域的时间；

④飞行活动性质；

⑤其他有关事项。

划设临时飞行空域，按照下列规定的权限批准：

①在机场区域内划设的，由负责该机场飞行管制的部门批准；

②超出机场区域在飞行管制分区内划设的，由负责该分区飞行管制的部门批准；

③超出飞行管制分区在飞行管制区内划设的，由负责该管制区飞行管制的部门批准；

④在飞行管制区间划设的，由中国人民解放军空军批准。

批准划设临时飞行空域的部门应当将划设的临时飞行空域报上一级飞行管制部门备案，并通报有关单位。

划设临时飞行空域的申请，应当在拟使用临时飞行空域 7 个工作日前向有关飞行管制部门提出；负责批准该临时飞行空域的飞行管制部门应当在拟使用临时飞行空域 3 个工作日前作出批准或者不予批准的决定，并通知申请人。

临时飞行空域的使用期限：应当根据通用航空飞行的性质和需要确定，通常不得超过 12 个月。因飞行任务的要求，需要延长临时飞行空域使用期限的，应当报经批准该临时飞行空域的飞行管制部门同意。通用航空飞行任务完成后，从事通用航空飞行活动的单位、个人应当及时报告有关飞行管制部门，其申请划设的临时飞行空域即行撤销。

（2）无人机空域申请

在《通用航空飞行管制条例》基础上，《无人驾驶航空器飞行管理暂行条例（征求意见稿）》对微型无人机的禁飞空域、轻型无人机管控空域和隔离空域的管理进行规定。

其中，微型无人机在禁止飞行空域外飞行，无须申请飞行计划。

轻型无人机管控空域的申报规定如下：

每年 10 月 31 日前，省级人民政府汇总各方需求并商所在战区后，向有关飞行管制部门提出轻型无人机空域划设申请；11 月 30 日前，负责审批的飞行管制部门应予批复，并通报相关民用航空情报服务机构；12月15日前，省级人民政府发布行政管辖范围内空域划设信息，国务院民用航空主管部门收集并统一发布全国空域划设信息；翌年1月1日起，发布的空域生效，有效期1年。

临时关闭部分轻型无人机适飞空域，由省级（含）以上人民政府或者军级（含）以上单位提出申请，飞行管制部门根据权限进行审批，并通报相关民用航空情报服务机构。临时关闭期限通常不超过72小时，由省级人民政府于关闭生效时刻24小时前发布。遇有重大活动和紧急突发情况时，飞行管制部门根据需要可以临时关闭部分轻型无人机适飞空域，通常在生效时刻前1小时发布。

轻型、植保无人机在相应适飞空域飞行，无须申请飞行计划，但需向综合监管平台实时报送动态信息。

无人机隔离空域申请，按照《通用航空飞行管制条例》的申请原则和权限执行。同时，符合下列条件之一的，可不划设隔离空域：

①执行特殊任务的国家无人机飞行；

②经过充分安全认证的中型、大型无人机飞行；

③轻型无人机在适飞空域上方不超过飞行安全高度飞行；

④具备可靠被监视和空域保持能力的小型无人机在轻型无人机适飞空域及上方不超过飞行安全高度飞行。

2.飞行计划申请

《无人驾驶航空器飞行管理暂行条例（征求意见稿）》对无人机飞行计划申报进行了详细的规定。

（1）需要申请飞行计划的情形

从事无人机飞行活动的单位或者个人实施飞行前，应当向当地飞行管制部门提出飞行计划申请，经批准后方可实施。飞行计划申请应当于飞行前 1 日 15 时前，向所在机场或者起降场地所在的飞行管制部门提出；飞行管制部门应当于飞行前 1 日 21 时前批复。

国家无人机在飞行安全高度以下执行作战战备、反恐维稳、抢险救灾等飞行任务，可适当简化飞行计划审批流程。

微型无人机在禁止飞行空域外飞行，无须申请飞行计划。轻型、植保无人机在相应适飞空域飞行，无须申请飞行计划，但需向综合监管平台实时报送动态信息。

（2）申请飞行计划的内容

申请飞行计划内容通常包括：

①组织该次飞行活动的单位或者个人；

②飞行任务性质；

③无人机类型、架数；

④通信联络方法；

⑤起飞、降落和备降机场（场地）；

⑥预计飞行开始、结束时刻；

⑦飞行航线、高度、速度和范围，进出空域方法；

⑧指挥和控制频率；

⑨导航方式，自主能力；

⑩安装二次雷达应答机的，注明二次雷达应答机代码申请；

⑪应急处置程序；

⑫其他特殊保障需求。

有特殊要求的，应当提交有效任务批准文件和必要资质证明。

（3）飞行计划实施

申请并获得批准的无人机飞行计划，组织该次飞行活动的单位或者个人应当在无人机起飞1小时前向飞行管制部门报告计划开飞时刻和简要准备情况，经放飞许可方可飞行；飞行中实时掌握无人机飞行动态，保持与飞行管制部门通信联络畅通；飞行结束后，及时报告飞行实施情况。

同时，该条例对飞行安全间隔、安全高度及避让规则、法律责任等也进行了规定。

5.3 无人驾驶航空器操控员管理规定

随着无人机的生产和应用在国内外得到蓬勃发展，其驾驶员（也称为操控员、操控手、飞手等）数量持续快速增加。面对这样的情况，民航局在不妨碍民用无人机多元发展的前提下，加强对民用无人机驾驶员的管理规范，并对目前出现的无人机系统的驾驶员实施指导性管理，目的是按照国际民航组织的标准建立我国完善的民用无人机驾驶员监管体系，同时促进无人机产业的健康发展。

为此，民航局于2018年8月以咨询通告的方式发布《民用无人机驾驶员管理规定》（AC-61-FS-2018-20R2），按照等级、型别、类别分类对民用无人机系统驾驶员的资质进行管理。2021年12月，民航局发布《民用无人驾驶航空器操控员管理规定（征求意见稿）》，针对民用无人机驾驶员管理进行意见征询，在《民用无人机驾驶员管理规定》基础上进行更加细化的修订。该规定出台后，原规定将会废止，相信很快将有新的规章发布。

《民用无人驾驶航空器操控员管理规定（征求意见稿）》将原规定中的"驾驶员"更改为"操控员"，其相关规定如下。

5.3.1　执照、合格证和等级的要求

1.管理基本原则

无人机分类较多，所适用空域远比有人驾驶航空器广阔，因此局方对无人机操控员实施分类管理。

2.无须持有执照的情况

下列情况下，操控无人机飞行无须持有执照。

（1）在室内运行的无人机。

（2）微型和轻型无人机（操控员应当熟练掌握有关机型操作方法，了解风险警示信息和有关管理制度）。

（3）在人烟稀少、空旷的非人口稠密区进行试验飞行的无人机。

（4）操控最大起飞重量不超过150千克的农用无人机，在农林牧渔区域上方不超过真高30米的适飞空域内从事植保、播种、投饵等农林牧渔作业飞行活动，担任操控农用无人机并负责无人机运行和安全的操控员，应当经农业农村部等部门规定的由符合资质要求的农用无人机生产企业自主负责的农用无人机操控人员培训考核。

3.应当持有执照的情况

在隔离空域和融合空域操控除微型和轻型以外的无人机，其执照由局方按照 CCAR-61 部颁发并实施管理。

（1）除本条第（3）款规定情形外，操控小型、中型、大型无人机的，应当持有执照，并且在行使相应权利时随身携带该执照。

（2）除本条第（3）款规定情形外，需多人机组操控的无人机，机组中负责飞行驾驶的个人应当持有执照。

（3）操控分布式无人机的，安全操作责任人应当持有执照，其他涉及操控任务的人员无须持有执照，但应当完成运行人实施的相关培训。

（4）执照应当具有相应的类别、级别（如适用）和型别（如适用）等级签注。

5.3.2 无人机操控员管理

1. 按照CCAR-61部颁发的执照和等级

（1）对完成本规定所要求的相应训练并符合所申请执照要求的申请人，颁发下列相应的执照。

①小型无人机操控员执照

②中型无人机操控员执照

③大型无人机操控员执照

（2）对完成本规定所要求的相应训练并符合所申请等级要求的申请人，在其执照上签注下列相应等级。

A.类别等级：

①飞机

②垂直起降飞机

③旋翼机

④倾转旋翼机

⑤飞艇

⑥自由气球

⑦滑翔机

⑧特殊类

B.级别等级：

①旋翼机级别等级

a 多旋翼

b 自转旋翼机

c 直升机

②特殊类级别等级

C.型别等级：

a 审定最少机组为两名操控员操控的无人驾驶航空器

b 局方通过评估程序确定需要型别等级的无人驾驶航空器

D.超视距等级（仅适用于小型和中型无人机操控员执照）：

a 超视距——飞机

b 超视距——垂直起降飞机

c 超视距——多旋翼

d 超视距——自转旋翼机

e 超视距——直升机

f 超视距——倾转旋翼机

g 超视距——飞艇

h 超视距——自由气球

i 超视距——滑翔机

j 超视距——特殊类

E.教员等级：

a 飞机

b 垂直起降飞机

c 多旋翼

d 自转旋翼机

e 直升机

f 倾转旋翼机

g 飞艇

h 自由气球

i 滑翔机

j 型别教员

k 特殊类

（3）原分类等级与执照种类对应关系参见下表（表5-2）。

表5-2　原分类等级与执照种类对应关系

分类等级	执照种类	空机重量（千克）	起飞全重（千克）
I	微型	0 < W ≤ 0.25	
II	轻型	0.25 < W ≤ 4	1.5 < W ≤ 7
III	小型	4 < W ≤ 15	7 < W ≤ 25
IV	中型	15 < W 116	25 < W ≤ 150
V	中型	农用无人机	
VI	大型	116 < W ≤ 5700	150 < W ≤ 5700

（续表）

分类等级	执照种类	空机重量（千克）	起飞全重（千克）
VII	大型	W>5700	

2. 执照或等级持有人的权利与限制

（1）小型和中型无人机执照持有人具有下列权利。

①可以担任相应等级无人机的机长。

②中型无人机执照持有人可以行使相应类别与级别等级（如适用）小型无人机执照持有人的权利。

（2）大型无人机执照持有人具有下列权利。

①可以担任相应类别与级别等级大型无人机的机长或副驾驶。

②行使相应类别与级别等级（如适用）小型和中型无人机执照持有人的权利。

（3）超视距等级持有人具有下列权利。

①可以操控相应类别与级别（如适用）等级无人机实施扩展视距或者超视距运行。

②可以行使相同执照种类和类别等级的视距内运行执照持有人的所有权利。

（4）型别等级持有人具有下列权利。

可以担任相应具有型别等级要求的无人机的机长或副驾驶。

（5）教员等级持有人具有下列权利。

①可以行使相同执照种类和类别等级的超视距等级持有人的所有权利。

②在所持有执照种类和等级的限制内，可以分别提供按照CCAR-61部颁发下列执照和等级所要求的地面和飞行训练：

a 小型、中型和大型无人机执照

b 类别等级

c 级别等级

d 超视距等级

e 型别等级

f 教员等级

③可以从事下列活动：

a 向准备获取单飞资格的人员提供训练。

b 签字推荐申请人获取执照或增加等级所必需的实践考试。

c 签字推荐申请人参加理论考试或实践考试未通过后的补考。

d 签署申请人的飞行经历记录本。

e 在飞行经历记录本上签字，授予申请人单飞权利。

④持有按照CCAR-61部颁发的具有教员等级签注执照的人员，应当随身携带该执照，方可行使飞行教员权利。

（6）直升机级别等级持有人可行使多旋翼级别等级权利，超视距－直升机等级持有人可行使超视距－多旋翼等级权利，直升机教员等级持有人可行使多旋翼教员等级权利。

（7）特定运行安全风险等级

持有按照CCAR-61部颁发的具有特定运行安全风险等级签注的执照，方可操控无人机实施涉及特定高风险的特殊运行。

（8）如执照持有人未满18周岁或者年满60周岁，或者在有一名以上操控员参加飞行的情况下执照持有人年满65周岁时，执照持有人不得担任按照仪表飞行规则（IFR）实施国际运行的无人机的操控员。

3.颁发执照和等级的条件

符合下列条件的申请人，局方可以为其颁发执照和签注相应等级。

（1）一般要求

①具备完全民事行为能力。

②无可能影响无人机操控行为的疾病病史，无吸毒行为记录。

③无因危害国家安全、公共安全、侵犯公民人身权利、扰乱公共秩序的故意犯罪受到刑事处罚的记录。

④完成了相应执照和等级的航空知识训练，并由提供训练或者评审其自学情况的授权教员在训练记录上签字，证明该申请人可以参加规定的理论考试。

⑤通过了航空知识的理论考试。

⑥完成了相应执照和等级的飞行技能训练，并由提供训练的授权教员在其飞行经历记录本上签字，证明该申请人可以参加规定的实践考试。

⑦在申请实践考试之前，满足适用于所申请在申请实践考试之前，满足适用于所申请执照和等级的飞行经历要求。

⑧通过了飞行技能的实践考试。

⑨具备安全操控所申请的执照和等级相应无人机所需的能力。

⑩符合CCAR-61部和本规定对所申请执照和等级的相应条款要求。

（2）具体要求

符合《颁发小型无人机操控员执照与等级的条件》（本章附件C-1）、《颁发中型无人机操控员执照与等级的条件》（本章附件C-2）、《颁发大型无人机操控员执照与等级的条件》（参见规章要求）中相应执照和等级的规定条件。

4.执照和等级的申请与审批

（1）符合CCAR-61部和本规定相关条件的申请人，应当向局方提交申请执照或等级的申请，申请人对其申请材料实质内容的真实性负责。在递交申请时，申请人应当提交下述材料。

①身份证明

②学历证明（如适用）

③相关无犯罪记录文件

④理论考试合格的有效成绩单

⑤原执照（如适用）

⑥授权教员的资质证明

⑦训练飞行活动的合法证明

⑧飞行经历记录本

⑨实践考试合格证明

（2）对于申请材料不齐全或者不符合格式要求的，局方在收到申请之后的5个工作日内一次性书面通知申请人需要补正的全部内容。逾期不通知即视为在收到申请书之日起即为受理。申请人按照局方的通知提交全部补正材料的，局方应当受理申请。局方不予受理申请，应当书面通知申请人。局方受理申请后，应当在20个工作日内对申请人的申请材料完成审查。在局方对申请材料的实质内容按照本规定进行核实时，申请人应当及时回答局方提出的问题。由于申请人不能及时回答问题所延误的时间不计入前述20个工作日的期限。对于申请材料及流程符合局方要求的，局方应于20个工作日内受理，并在受理后20个工作日内完成最终审查作出批准或不批准的最终决定。

（3）经局方批准，申请人可以取得相应的执照或等级。批准的无人机执照种类、等级或者其他备注由局方签注在申请人的执照上。

（4）由于飞行训练或者实践考试中所用无人机的特性，申请人不能完成规定的操作动作，因此未能完全符合本规定相关飞行技能要求，但符合所申请执照或者等级的所有其他要求的，局方可以向其颁发签注有相应限制的执照或者等级。

5.考试一般程序

（1）按本规定进行的各项考试，应当由局方指定人员主持，并在指定的时间和地点进行。

（2）理论考试的通过成绩由局方确定，理论考试的实施程序应当符合《无人机操控员执照理论考试一般规定》（本章附件F）要求。

（3）局方指定的考试员按照《无人机操控员执照实践考试一般规定（本章附件G）的程序，依据《无人机操控员执照实践考试标准》（本章附件H）实施实践考试。

（4）局方依据《无人机操控员执照实践考试委任代表管理办法》（参见规章附件I）委任与管理实施实践考试的考试员。

（5）局方依据《无人机操控员执照考试点管理办法》（参见规章附件J）对理论及实践考试的考试点实施评估和清单制管理。

（6）自2022年7月1日起，执照考试点应当按照《无人机操控员执照自动化实践考试系统标准》（参见规章附件L）的要求建立执照自动化实践考试系统，以实施适用的执照和等级实践考试。

附件C-1：颁发小型无人机操控员执照与等级的条件

1. 颁发小型无人机操控员执照的一般要求

1.1 航空知识要求

小型无人机操控员执照申请人，应当掌握下列适用于所申请小型无人机操控员的航空知识，完成相应的地面训练和理论考试。

（1）航空法

① 民用无人机操控员管理和民用无人机运行有关的中国民用航空规章。

② 空中规则。

③ 相应的空中交通服务措施和程序。

（2）相应类别等级无人机的一般知识

① 航空器机体结构。

② 无人机主要系统包括，导航、飞控、动力、链路和电气等基础知识。

（3）飞行性能、计划和装载

① 载荷及重量分布对飞行特性的影响，重量和平衡计算。

② 起飞、着陆和其他性能数据的使用与实际运用。

③适合于按照视距内飞行规则无人机运行的飞行前准备和航路飞行计划。

④ 空中交通服务飞行计划的准备和申报。

⑤ 相应的空中交通服务程序。

⑥ 位置报告程序。

⑦ 交通密集区的运行。

（4）人的行为能力，包括威胁与差错管理的原则

（5）气象学

① 初级航空气象学的应用。

② 气象资料的使用和获得气象资料的程序。

③ 危险气象条件。

（6）操作程序

① 在运行效绩方面运用威胁与差错管理。

② 适当的预防程序和应急程序，包括为避让危险天气、尾流和其他运行危险所采取的行动。

（7）飞行原理

① 空气动力学基础。

② 无人机主要飞行阶段基本控制律：

a 无人机常用控制模式。

b 无人机控制权限切换方式。

③ 固定翼：

a 固定翼无人机失速的原理。

b 固定翼无人机各构型状态滑翔比。

④ 直升机：

a 无人直升机的悬停升限与动升限。

b 无人直升机的飞行规避区。

⑤ 多旋翼：多旋翼无人机部分动力失效后的控制重构。

⑥ 垂直起降飞机：

a 垂直起降与巡航阶段过渡控制原理。

b 垂直起降飞机固定翼方式回收原理。

⑦ 倾转旋翼机：倾转旋翼无人机过渡段控制原理。

⑧ 飞艇：无人飞艇轻着陆原理。

（8）无线电通话

① 适用于小型无人机飞行规则运行的通信程序和用语。

② 如遇通信故障应采取的行动。

（9）应急程序

包括飞行平台操纵系统故障、动力系统故障、数据链路故障、地面站故障及迫降或应急回收。

1.2 操控技能要求

申请人应当演示作为相应类别小型无人机的操控员完成本附件2.1至2.6规定的各项程序和动作的能力，其胜任程度应当与小型无人机操控员执照持有人的权利相适应。

2. 颁发小型无人机操控员执照的特殊要求

对于视距内运行，应当满足相应的第三视角目视飞行经历和飞行训练要求。对于超视距等级的申请人，除应满足视距内运行要求的第三视角目视飞行经历和飞行训练要求外，还应当满足仪表飞行规则的超视距飞行经历要求和飞行训练要求。

2.1 颁发飞机类别等级的特殊要求

2.1.1 飞行经历要求

（1）视距内运行应当具有操纵有动力的飞机类别小型无人机至少44小时的飞行经历时间，超视距等级的申请人应当具有至少56小时的飞行经历时间。

（2）视距内运行应当接受授权教员不少于16小时带飞训练，不少于5小时单飞训练，计入操控员飞行经历的飞行模拟训练时间不多于8小时。

（3）如果申请人持有垂直起降飞机、倾转旋翼机或者滑翔机类别的小型无人机操控员执照，本条（2）款内要求的带飞时间不少于10小时，单飞训练不少于3小时。

（4）超视距等级的申请人应当接受授权教员不少于3小时的地面站超视距带飞训练，以及1小时的地面站超视距单飞训练。

（5）至少包括2小时不少于3次起飞与着陆的夜间航线实际操控飞行，不能满足夜间训练要求的，局方将在执照上签注"禁止夜间飞行"的限制。

2.1.2　飞行训练要求

授权教员保证申请人至少在下列科目中具有相应类别与级别小型无人机操控员所需技能水平的飞行经历。

（1）识别并且管理威胁和差错。

（2）地面滑行。

（3）正常及侧风起飞和着陆。

（4）视距内机动飞行。

（5）超视距航线飞行（超视距等级适用）。

（6）临界小速度飞行，判断并改出从直线飞行和从转弯中进入的临界失速及失速。

（7）最大性能（短跑道和越障）起飞，短跑道或松软跑道着陆。

（8）应急操作，包括模拟的设备故障。

2.2　颁发旋翼机类别等级的特殊要求

2.2.1　飞行经历要求

（1）视距内运行应当具有操纵有动力的旋翼类别相应级别等级小型无人

机至少44小时的飞行经历时间，超视距等级申请人应当具有至少56小时的飞行经历时间。

（2）多旋翼级别等级的申请人应接受授权教员不少于10小时带飞训练，不少于5小时单飞训练，计入操控员飞行经历的飞行模拟训练时间不多于22小时；直升机级别等级的申请人应接受授权教员不少于16小时带飞训练，不少于6小时单飞训练，计入操控员飞行经历的飞行模拟训练时间不多于8小时；自转旋翼级别等级的申请人应接受授权教员不少于16小时带飞训练，不少于6小时单飞训练，计入操控员飞行经历的飞行模拟训练时间不多于8小时。

（3）超视距等级的申请人应当接受授权教员不少于3小时的地面站超视距带飞训练，以及1小时的地面站超视距单飞训练。

（4）至少包括2小时不少于3次起飞与着陆的夜间航线实际操控飞行，不能满足夜间训练要求的，局方将在执照上签注"禁止夜间飞行"的限制。

2.2.2　飞行训练要求

授权教员保证申请人至少在下列科目中具有相应类别与级别小型无人机操控员所需技能水平的飞行经历。

（1）识别并且管理威胁和差错。

（2）旋翼及螺旋桨动力切换故障处理或传动装置和互连式传动轴故障处理（如适用）。

（3）正常及侧风起飞和着陆。

（4）以临界小速度机动飞行，对小速度大下降率状态的判断和改出（自转旋翼机级别适用）。

（5）最大性能（短距或垂直）起飞，短跑道或松软跑道着陆（自转旋翼机级别适用）。

（6）悬停，包括无人机平台正前方朝向不同方向时的悬停（多旋翼和直升机级别适用）。

（7）以所需最小动力起飞和着陆，最大性能起飞和着陆。

（8）在涡环初始阶段的识别及改出（直升机级别适用）。

（9）应急操作，包括模拟的飞机设备故障。

（10）模拟单个动力轴动力失效时的应急操纵程序（多旋翼级别适用）。

（11）带油门的缓慢垂直下降、地面共振与后行桨叶失速处置（直升机级别适用）。

（12）动力侧滚翻转和其他操作危险。

（13）视距内机动飞行。

（14）与目视气象条件飞行相关的安全程序。

2.3　颁发垂直起降飞机类别等级的特殊要求

2.3.1　飞行经历要求

（1）视距内运行应当具有操纵有动力的垂直起降飞机类别等级的小型无人机至少44小时的飞行经历时间，超视距等级申请人应当具有至少56小时的飞行经历时间。

（2）申请人应当接受授权教员不少于16小时带飞训练，不少于5小时单飞训练，计入操控员飞行经历的飞行模拟训练时间不多于8小时。

（3）如果申请人持有飞机类别的小型无人机操控员执照，本条（1）款内视距内运行要求的总经历时间至少35小时，超视距等级执照要求的总经历时间至少45小时；本条（2）款内要求的带飞时间不少于10小时，单飞训练不少于3小时。

（4）超视距等级的申请人应当接受授权教员不少于6小时的带地面站功

能的超视距带飞训练，以及2小时的地面站超视距单飞训练。

（5）至少包括2小时不少于3次起飞与着陆的夜间航线实际操控飞行，不能满足夜间训练要求的，局方将在执照上签注"禁止夜间飞行"的限制。

2.3.2 飞行训练要求

授权教员保证申请人至少在下列科目中具有小型无人机操控员所需技能水平的飞行经历。

（1）识别并且管理威胁和差错。

（2）旋翼及螺旋桨动力切换故障处理或传动装置和互连式传动轴故障处理（如适用）。

（3）正常及侧风垂直起飞和垂直着陆。

（4）起降与巡航阶段的转换操纵。

（5）视距内机动飞行。

（6）超视距航线飞行。

（7）临界小速度飞行，判断并改出从直线飞行和从转弯中进入的临界失速及失速。

（8）最大性能垂直起飞，定点着陆。

（9）应急操作，包括模拟的设备故障。

2.4 颁发倾转旋翼机类别等级的特殊要求

2.4.1 飞行经历要求

（1）视距内运行应当具有操纵有动力的倾转旋翼机类别等级的小型无人机至少44小时的飞行经历时间，超视距等级申请人应当具有至少56小时的飞行经历时间。

（2）申请人应当接受授权教员不少于16小时带飞训练，不少于5小时单飞训练，计入操控员飞行经历的飞行模拟训练时间不多于 8 小时。

（3）如果申请人持有飞机类别的小型无人机操控员执照，本条（1）款内视距内运行要求的总经历时间至少 35 小时，超视距等级执照要求的总经历时间至少 45 小时；本条（2）款内要求的带飞时间不少于 10 小时，单飞训练不少于 3 小时。

（4）超视距等级的申请人应当接受授权教员不少于 6 小时的带地面站功能的超视距带飞训练，以及 2 小时的地面站超视距单飞训练。

（5）至少包括 2 小时不少于 3 次起飞与着陆的夜间航线实际操控飞行，不能满足夜间训练要求的，局方将在执照上签注"禁止夜间飞行"的限制。

2.4.2　飞行训练要求

授权教员保证申请人至少在下列科目中具有相应类别与级别小型无人机操控员所需技能水平的飞行经历。

（1）识别并且管理威胁和差错。

（2）旋翼及螺旋桨动力切换故障处理或传动装置和互连式传动轴故障处理（如适用）。

（3）正常及侧风起飞和着陆。

（4）空中模态转换。

（5）起降与巡航阶段的转换操纵。

（6）视距内机动飞行。

（7）超视距航线飞行（超视距等级适用）。

（8）临界小速度飞行，判断并改出从直线飞行和从转弯中进入的临界失速及失速。

（9）最大性能（短距或垂直）起飞，短跑道或松软跑道着陆。

（10）应急操作，包括模拟的设备故障。

2.5 颁发飞艇类别等级的特殊要求

2.5.1 飞行经历要求

（1）视距内运行应当具有操纵飞艇类别等级的小型无人机至少44小时的飞行经历时间，超视距等级申请人应当具有至少56小时的飞行经历时间。

（2）申请人应当接受授权教员不少于16小时带飞训练，不少于5小时单飞训练，计入操控员飞行经历的飞行模拟训练时间不多于8小时。

（3）超视距等级的申请人应接受授权教员不少于3小时的地面站超视距带飞训练，以及1小时的地面站超视距单飞训练。

（4）至少包括2小时不少于3次起飞与着陆的夜间航线实际操控飞行，不能满足夜间训练要求的，局方将在执照上签注"禁止夜间飞行"的限制。

2.5.2 飞行训练要求

授权教员保证申请人至少在下列科目中具有相应类别与级别小型无人机操控员所需技能水平的飞行经历。

（1）识别并且管理威胁和差错。

（2）最大性能（越障）起飞。

（3）识别漏气现象。

（4）轻着陆。

（5）应急操作，包括模拟的飞机设备故障。

2.6 颁发其他类别等级的特殊要求

自由气球和滑翔机类别等级小型无人机操控员执照申请人应当具有的特殊要求，中国民用航空总局另行规定。

3. 颁发教员等级的特殊要求

3.1 航空知识要求

教员等级申请人应当满足为颁发与执照具有的小型无人机类别和级别等级相应的小型无人机操控员执照的知识要求。此外，申请人应当掌握下列航空教学知识。

（1）教学技巧。

（2）对地面教练科目中学员表现的评定。

（3）学习过程。

（4）有效授课的要素。

（5）基于能力的训练原则，包括评估方法。

（6）训练大纲的有效性评估。

（7）课程计划。

（8）课堂教学技巧。

（9）训练设备的使用，包括飞行模拟机。

（10）分析、纠正学员错误。

（11）无人机仪表飞行和教学中的人的因素，包括威胁与差错管理。

（12）模拟航空器系统失效和故障所产生的危险。

3.2 教学技能要求

3.2.1 对教员等级的培训应当包括下列能力训练重点。

（1）根据训练大纲中的评估和评分系统观察行为，做出评估。

（2）识别和突出强调符合能力标准的行为能力。

（3）确定低于预期绩效标准的偏差的根本原因。

（4）确定可造成安全裕度出现令人无法接受的下降的情况。

3.2.2 申请人应当在所申请履行授权教员权利的小型无人机类别和级别上演示胜任能力评估，包括飞行前、飞行后与地面教学。

3.2.3 对申请人的胜任能力评估应当由局方指定的考试员实施。

3.3 飞行经历要求

3.3.1 针对申请人拟申请教员等级对应的类别和级别等级小型无人机，申请人应当具有操控相应无人机至少120小时的飞行经历，其中包括不少于15小时带飞训练，不少于5小时单飞训练。申请人应当保持胜任能力并满足执照的最近经历要求。

3.3.2 申请人应当具有足够的训练经历，以满足实施相应执照与等级训练中所需操控技能以及教学方法的熟练度。

3.4 飞行训练要求

申请人应当在授权教员监视下。

（1）接受飞行教学技巧的训练，包括演示、学员实操、识别与纠正学员的常见差错。

（2）将教学技巧应用于所要实施飞行教学的飞行动作和程序。

附件C-2：颁发中型无人机操控员执照与等级的条件

1. 颁发中型无人机操控员执照的一般要求

1.1 航空知识要求

中型无人机操控员执照申请人，应当掌握下列适用于所申请小型无人机操控员的航空知识，完成相应的地面训练和理论考试。

（1）航空法

①民用无人机操控员管理和民用无人机运行有关的中国民用航空规章。

②空中规则。

③相应的空中交通服务措施和程序。

（2）对应类别等级无人机的一般知识

①航空器机体结构。

②无人机主要系统包括，导航、飞控、动力、链路和电气等基础知识。

（3）飞行性能、计划和装载

①载荷及重量分布对飞行特性的影响，重量和平衡计算。

②起飞、着陆和其他性能数据的使用与实际运用。

③适合于按照视距内飞行规则无人机运行的飞行前准备和航路飞行计划。

④空中交通服务飞行计划的准备和申报。

⑤相应的空中交通服务程序。

⑥位置报告程序。

⑦交通密集区的运行。

（4）人的行为能力，包括威胁与差错管理的原则

（5）气象学

①初级航空气象学的应用。

②气象资料的使用和获得气象资料的程序。

③危险气象条件。

（6）操作程序

①在运行效绩方面运用威胁与差错管理。

②适当的预防程序和应急程序，包括为避让危险天气、尾流和其他运行危险所采取的行动。

（7）飞行原理

①空气动力学基础；

②无人机主要飞行阶段基本控制律：

a 无人机常用控制模式。

b 无人机控制权限切换方式。

③固定翼：

a 固定翼无人机失速的原理。

b 固定翼无人机各构型状态滑翔比。

④直升机：

a 无人直升机的悬停升限与动升限。

b 无人直升机的飞行规避区。

⑤多旋翼：

多旋翼无人机部分动力失效后的控制重构。

⑥垂直起降飞机：

a 垂直起降与巡航阶段过渡控制原理。

b 垂直起降飞机固定翼方式回收原理。

⑦倾转旋翼机：倾转旋翼无人机过渡段控制原理。

⑧飞艇：无人飞艇轻着陆原理。

（8）无线电通话

①适用于中型无人机飞行规则运行的通信程序和用语。

②如遇通信故障应采取的行动。

（9）应急程序

包括飞行平台操纵系统故障、动力系统故障、数据链路故障、地面站故障及迫降或应急回收。

1.2 操控技能要求

申请人应当演示作为相应类别中型无人机的操控员完成2.1至2.6规定的各项程序和动作的能力，其胜任程度应当与中型无人机操控员执照持有人的权利相适应。

2. 颁发中型无人机操控员执照的特殊要求

对于视距内运行，应当满足相应的第三视角目视飞行经历和飞行训练要求。对于超视距等级的申请人，除应满足视距内运行要求的第三视角目视飞行经历和飞行训练要求外，还应当满足仪表飞行规则的超视距飞行经历要求和飞行训练要求。

2.1 颁发飞机类别等级的特殊要求

2.1.1 飞行经历要求

（1）视距内运行应当具有操纵有动力的飞机类别等级的中型无人机至少44小时的飞行经历时间，超视距等级执照的申请人应当具有至少56小时的飞行经历时间。以上飞行经历时间要求中，最多不超过10小时可由操控有动力的飞机类别小型无人机替代，但不得替代本条（1）至（5）款内带飞与单飞的最低飞行经历时间要求。

（2）视距内运行应当接受授权教员不少于16小时带飞训练，不少于5小时单飞训练，计入操控员飞行经历的飞行模拟训练时间不多于8小时。

（3）如果申请人持有垂直起降飞机、倾转旋翼机或滑翔机类别的中型无人机操控员执照，本条（2）款内要求的带飞时间不少于10小时，单飞训练不少于3小时。

（4）超视距等级的申请人应当接受授权教员不少于3小时的地面站超视距带飞训练，以及1小时的地面站超视距单飞训练。

（5）申请人接受的训练应至少包括2小时不少于3次起飞与着陆的夜间航线飞行，不能满足本要求的，局方将在执照上签注"禁止夜间飞行"。

2.1.2 飞行训练要求

授权教员保证申请人至少在下列科目中具有相应类别与级别中型无人机操控员所需技能水平的操作经历。

（1）识别并且管理威胁和差错。

（2）地面滑行。

（3）正常及侧风起飞和着陆。

（4）视距内机动飞行。

（5）超视距航线飞行（超视距等级适用）。

（6）临界小速度飞行，判断并改出从直线飞行和从转弯中进入的临界失速及失速。

（7）最大性能（短跑道和越障）起飞，短跑道或松软跑道着陆。

（8）应急操作，包括模拟的设备故障。

2.2 颁发旋翼机类别等级的特殊要求

2.2.1 飞行经历要求

（1）视距内运行应当具有操纵有动力的旋翼机类别等级的中型无人机至少44小时的飞行经历时间，超视距等级执照的申请人应当具有至少56小时的飞行经历时间。以上飞行经历时间要求中，最多不超过10小时可由操控有动力的旋翼机类别相应级别等级小型无人机替代，但不得替代本条（2）至（4）款内带飞与单飞的最低飞行经历时间要求。

（2）多旋翼级别等级的申请人应当接受授权教员不少于10小时带飞训练，不少于5小时单飞训练，计入操控员飞行经历的飞行模拟训练时间不多于22小时；直升机级别等级的申请人应当接受授权教员不少于16小时带飞训练，不少于6小时单飞训练，计入操控员飞行经历的飞行模拟训练时间不多于8小时；自转旋翼级别等级的申请人应当接受授权教员不少于16小时带飞训练，不少于6小时单飞训练，计入操控员飞行经历的飞行模拟训练时间不多于8小时。

（3）超视距等级的申请人应当接受授权教员不少于3小时的地面站超视距带飞训练，以及1小时的地面站超视距单飞训练。

（4）申请人接受的训练应至少包括2小时不少于3次起飞与着陆的夜间航线飞行，不能满足本要求的，局方将在执照上签注"禁止夜间飞行"。

2.2.2 飞行训练要求

授权教员保证申请人至少在下列科目中具有相应类别与级别中型无人机操控员所需技能水平的操作经历。

（1）识别并且管理威胁和差错。

（2）旋翼及螺旋桨动力切换故障处理或传动装置和互连式传动轴故障处理（如适用）。

（3）正常及侧风起飞和着陆。

（4）以临界小速度机动飞行，对小速度大下降率状态的判断和改出（自转旋翼机级别适用）。

（5）最大性能（短距或垂直）起飞，短跑道或松软跑道着陆（自转旋翼机级别适用）。

（6）悬停，包括无人机平台正前方朝向不同方向时的悬停（多旋翼和直升机级别适用）。

（7）以所需最小动力起飞和着陆，最大性能起飞和着陆。

（8）在涡环初始阶段的识别及改出（直升机级别适用）。

（9）应急操作，包括模拟的飞机设备故障。

（10）模拟单个动力轴动力失效时的应急操纵程序（多旋翼级别适用）。

（11）带油门的缓慢垂直下降、地面共振与后行桨叶失速处置（直升机级别适用）。

（12）动力侧滚翻转和其他操作危险。

（13）视距内机动飞行。

（14）与目视气象条件飞行相关的安全程序。

2.3 颁发垂直起降飞机类别等级的特殊要求

2.3.1 飞行经历要求

（1）视距内运行应当具有操纵有动力的垂直起降类别等级的中型无人机至少44小时的飞行经历时间，超视距等级执照的申请人应当具有至少56小时的飞行经历时间。以上飞行经历时间要求中，最多不超过10小时可由操控有动力的垂直起降飞机类别小型无人机替代，但不得替代本条（2）至（5）款内带飞与单飞的最低飞行经历时间要求。

（2）申请人应当接受授权教员不少于16小时带飞训练，不少于5小时单飞训练，计入操控员飞行经历的飞行模拟训练时间不多于8小时。

（3）如果申请人持有飞机类别的中型无人机操控员执照，本条（1）款内视距内运行要求的总经历时间至少35小时，超视距等级执照要求的总经历时间至少45小时；本条（2）款内要求的带飞时间不少于10小时，单飞训练不少于3小时。

（4）超视距等级的申请人应当接受授权教员不少于6小时的带地面站功能的超视距带飞训练，以及2小时的地面站超视距单飞训练。

（5）申请人接受的训练应至少包括2小时不少于3次起飞与着陆的夜间航线飞行，不能满足本要求的，局方将在执照上签注"禁止夜间飞行"。

2.3.2　飞行训练要求

授权教员保证申请人至少在下列科目中具有相应类别中型无人机操控员所需技能水平的操作经历。

（1）识别并且管理威胁和差错。

（2）旋翼及螺旋桨动力切换故障处理或传动装置和互连式传动轴故障处理（如适用）。

（3）正常及侧风垂直起飞和垂直着陆。

（4）起降与巡航阶段的转换操纵。

（5）视距内机动飞行。

（6）超视距航线飞行。

（7）临界小速度飞行，判断并改出从直线飞行和从转弯中进入的临界失速及失速。

（8）最大性能垂直起飞，定点着陆。

（9）应急操作，包括模拟的设备故障。

2.4 颁发倾转旋翼机类别等级的特殊要求

2.4.1 飞行经历要求

（1）视距内运行应当具有操纵有动力的倾转旋翼机类别等级的中型无人机至少44小时的飞行经历时间，超视距等级执照的申请人应当具有至少56小时的飞行经历时间。以上飞行经历时间要求中，最多不超过10小时可由操控有动力的倾转旋翼机类别小型无人机替代，但不得替代本条（2）至（4）款内带飞与单飞的最低飞行经历时间要求。

（2）申请人应当接受授权教员不少于16小时带飞训练，不少于5小时单飞训练，计入操控员飞行经历的飞行模拟训练时间不多于8小时。

（3）如果申请人持有飞机类别的中型无人机操控员执照，本条（1）款内视距内运行要求的总经历时间至少35小时，超视距等级执照要求的总经历时间至少45小时；本条（2）款内要求的带飞时间不少于10小时，单飞训练不少于3小时。

（4）超视距等级的申请人应当接受授权教员不少于6小时的带地面站功能的超视距带飞训练与2小时的地面站超视距单飞训练。

（5）申请人接受的训练应至少包括2小时不少于3次起飞与着陆的夜间航线飞行，不能满足本要求的，局方将在执照上签注"禁止夜间飞行"。

2.4.2 飞行训练要求

授权教员保证申请人至少在下列科目中具有相应类别中型无人机操控员所需技能水平的操作经历。

（1）识别并且管理威胁和差错。

（2）旋翼及螺旋桨动力切换故障处理或传动装置和互连式传动轴故障处理（如适用）。

（3）正常及侧风起飞和着陆。

（4）空中模态转换。

（5）起降与巡航阶段的转换操纵。

（6）视距内机动飞行。

（7）超视距航线飞行（超视距等级适用）。

（8）临界小速度飞行，判断并改出从直线飞行和从转弯中进入的临界失速及失速。

（9）最大性能（短距或垂直）起飞，短跑道或松软跑道着陆。

（10）应急操作，包括模拟的设备故障。

2.5 颁发飞艇类别等级的特殊要求

2.5.1 飞行经历要求

（1）视距内运行应当具有操纵有动力的飞艇类别等级的中型无人机至少44小时的飞行经历时间，超视距等级执照的申请人应当具有至少56小时的飞行经历时间。以上飞行经历时间要求中，最多不超过10小时可由操控有动力的飞艇类别小型无人机替代，但不得替代本条（2）至（4）款内带飞与单飞的最低飞行经历时间要求。

（2）申请人应当接受授权教员不少于16小时带飞训练，不少于5小时单飞训练，计入操控员飞行经历的飞行模拟训练时间不多于8小时。

（3）超视距等级的申请人应当接受授权教员不少于3小时的地面站超视距带飞训练，以及1小时的地面站超视距单飞训练。

（4）申请人接受的训练应至少包括2小时不少于3次起飞与着陆的夜间航线飞行，不能满足本要求的，局方将在执照上签注"禁止夜间飞行"。

2.5.2 飞行训练要求

授权教员保证申请人至少在下列科目中具有相应类别中型无人机操控员

所需技能水平的操作经历。

（1）识别并且管理威胁和差错。

（2）最大性能（越障）起飞。

（3）识别漏气现象。

（4）轻着陆。

（5）应急操作，包括模拟的飞机设备故障。

2.6 颁发其他类别等级的特殊要求

自由气球和滑翔机类别等级中型无人机操控员执照申请人应当具有的特殊要求，局方另行规定。

3. 颁发授权教员等级的特殊要求

3.1 航空知识要求

教员等级申请人应当满足为颁发与执照具有的中型无人机类别和级别等级相应的中型无人机操控员执照的知识要求。此外，申请人应当掌握下列航空教学知识。

（1）教学技巧。

（2）对地面教练科目中学员表现的评定。

（3）学习过程。

（4）有效授课的要素。

（5）基于能力的训练原则，包括评估方法。

（6）训练大纲的有效性评估。

（7）课程计划。

（8）课堂教学技巧。

（9）训练设备的使用，包括飞行模拟机。

（10）分析、纠正学员错误。

（11）无人机仪表飞行和教学中的人的因素，包括威胁与差错管理。

（12）模拟航空器系统失效和故障所产生的危险。

3.2 教学技能要求

3.2.1 对教员等级的培训应当包括下列能力训练重点。

（1）根据训练大纲中的评估和评分系统观察行为，做出评估。

（2）识别和突出强调符合能力标准的行为能力。

（3）确定低于预期绩效标准的偏差的根本原因。

（4）确定可造成安全裕度出现令人无法接受的下降的情况。

3.2.2 申请人应当在所申请履行授权教员权利的小型无人机类别和级别上演示胜任能力评估，包括飞行前、飞行后与地面教学。

3.2.3 对申请人的胜任能力评估应当由局方指定的考试员实施。

3.3 飞行经历要求

3.3.1 针对申请人拟申请教员等级对应的类别和级别等级小型无人机，申请人应当具有操控相应无人机至少 120 小时的飞行经历，其中包括不少于 15 小时带飞训练，不少于 5 小时单飞训练。申请人应当保持胜任能力并满足执照的最近经历要求。

3.3.2 申请人应当具有足够的训练经历，以满足实施相应执照与等级训练中所需操控技能以及教学方法的熟练度。

3.4 飞行训练要求

申请人应当在授权教员监视下。

（1）接受飞行教学技巧的训练，包括演示、学员实操、识别与纠正学员的常见差错。

（2）将教学技巧应用于所要实施飞行教学的飞行动作和程序。

附件F-1：无人机操控员执照理论考试一般规定

1.考试一般程序

理论考试应由局方认可的监考员主持，考试时间与地点安排将定期于局方无人机操控员执照管理平台网站予以公布。

2.理论考试申请人应符合的条件

2.1理论考试申请人必须接受并记录无人机航空知识教学人员提供的地面训练，并于考试日期前至少5个日历日，在无人机操控员执照管理平台上传人员信息并提交考试申请。

2.2理论考试前，申请人须出示本人的居民身份证、公安部门出具的带照片的户籍证明或本人已经获得的无人机操控员执照，并携带：申请人本人身份证复印件、民用无人机操控员理论考试成绩单以及申请人本人的小二寸、近期、白底、免冠、正面半身证件照。

2.3申请人提供信息须准确无误，因信息有误对考试工作造成的影响由申请人自行承担。

2.4对于尚未获得操控员执照的人员，其参加理论考试时出示的身份证明须与其日后申请无人机操控员执照时所持身份证明号码相符，否则其成绩不予承认。

2.5对于申请补考的申请人，还要求申请人出示上一次理论考试成绩单，成绩单下方须有相应等级教员的签注证明该申请人针对上次理论考试未通过的航空知识内容接受了必要的补充训练，具备通过理论考试的能力；或通过局方认可的方式满足理论考试成绩功能并于参加补考前向考试员出示。补考日期与上一次同科目考试日期间隔最少为28个日历日。

3.理论考试科目和通过成绩

考试名称	时限	题目数量	通过分数	
民用无人机操控员理论考试	120分钟	100	视距内等级	70
			超视距等级	80
民用无人机操控员教员等级理论考试	60分钟	40	80	

4.理论考试中禁止的行为

4.1根据CCAR-61部第37条规定，在理论考试过程中申请人不得有以下行为：

（1）以任何形式复制或保存考试试题；

（2）交给其他申请人或从其他申请人那里得到考试试题的任一部分或其复印件或扫描件；

（3）帮助他人或者接受他人的帮助；

（4）代替他人或由他人代替参加部分或全部理论考试；

（5）在考试过程中使用未经监考员批准的材料或其他辅助物品；

（6）破坏考场设施；

（7）故意引起、助长或者参与本条禁止的行为。

4.2根据CCAR-61部第61.245条规定，对理论考试中作弊或其他禁止的行为的处罚：

（1）对于违反CCAR-61部第61.37条规定的申请人予以警告，申请人自该行为被发现之日起一年内不得申请操控员执照及相关考试；

（2）对于违反CCAR-61部第61.37条规定的执照持有人予以警告，同时责令当事人立即停止飞行运行并交回其已取得的操控员执照，操控员执照被撤销之日起三年内，当事人不得申请操控员执照及考试。

附件G：无人机操控员执照实践考试一般规定

1.考试一般程序

1.1为取得民用无人机视距内运行操控员执照的实践考试中科目实施顺序依次为：综合问答，实践飞行；为取得民用无人机超视距等级操控员执照的实践考试中科目实施顺序依次为：综合问答，实践飞行，地面站；为取得民用无人机操控员执照教员等级的实践考试中科目实施顺序依次为：实践飞行，综合问答。实践考试应由局方认可的考试员主持，考试员应依据《无人机操控员执照实践考试标准》（参见规章附件H）实施实践考试，并填写《民用无人机操控员执照实践考试工作单》。

1.2实践考试中任何人不得以任何形式（包含提示等）辅助、参与或干扰考试申请人在考试中操控无人机的过程。仅当考试员下达终止考试指令，判定考试结果后，他人方可接管无人机的操控。

1.3考试时间与地点安排于无人机操控员执照管理平台网站予以公布。

2.实践考试申请人应当符合的条件

2.1符合颁发所申请的无人机操控员执照的年龄限制。

2.2在接受实践考试前24个日历月内已通过了必需的理论考试，并提交局方给予的理论考试成绩单的复印件或相关证明。

2.3申请人已经完成了必需的训练并取得了必需的飞行经历，于考试日期前至少5个日历日以前，在执照管理平台上提交了考试申请。

2.4具有授权教员在其飞行经历记录本上的签字，证明该申请人已满足所申请执照的飞行经历要求，且该授权教员在申请日期之前的60天内，已对申请人进行了准备实践考试的飞行教学，并且认为该申请人有能力通过考试。

2.5实践考试成绩有效期自实践考试首项科目通过之日起，至60个日历日后止，申请人应在该有效期内通过实践考试。（如有效期内未通过实践考试，则实践考试所有科目成绩无效，需重新参加实践考试。）

2.6实践考试申请人已填写了现行的《民用无人机操控员执照实践考试工作单》，并签字确认，或通过局方认可的方式满足实践考试成绩功能并于参加考试前向考试员出示。

2.7为实践考试提供与所申请执照或者等级对应的无人机系统及相关设备。

2.8实践考试前，申请人须出示本人的居民身份证、公安部门出具的带照片的户籍证明或本人已经获得的无人机操控员执照。

2.9对于申请补考的申请人，除须满足以上要求外，还要求申请人携带上一次《民用无人机操控员执照实践考试工作单》，实践考试工作单下方须由具有相应等级教员的签注证明该申请人针对上次实践考试未通过的内容接受了必要的补充训练，具备能力通过实践考试；或通过局方认可的方式满足相应功能并于参加考试前向考试员出示。实践考试补考日期与上一次相同等级要求的实践考试日期间隔最少为14个日历日。

附件H：无人机操控员执照实践考试标准

在规章中，该附件按照飞机类别、旋翼机类别直升机级别、旋翼机类别多旋翼级别、垂直起降飞机类别、地面站、特殊类等分别做了规定，考虑到本书主要面向旋翼机类别多旋翼级别学员，所以，只节选了旋翼机类别多旋翼级别和地面站实践考试标准。

1.旋翼机类别多旋翼级别

1.1 视距内运行

多旋翼级别视距内运行实践飞行考试科目可使用导航辅助模式（飞控内、外回路均参与控制），除不满足通用要求外，考试申请人可有三次机会完成以下科目内容。

科目	科目要求	通用要求
1起飞	油门操纵均匀，姿态正常	无危险动作与姿态，操作柔和，航空器部件完好
2悬停	水平位移不超过±2米，垂直位移不超过±1米	
3慢速水平偏转360°	水平位移误差不超过±2米，垂直位移误差不超过±1米，方向偏转无卡顿，科目时间为5至30秒内	
4水平8字	依据航空器性能确定标准航线单个圆直径（6至15米），航空器水平位移误差不超过±2米，垂直位移误差不超过±1米，航空器位移无卡顿，航向与标准航线切线夹角不超过30°	
5定点降落	到达降落点后匀速下降，平稳降落	

1.2 超视距等级

多旋翼级别超视距等级实践飞行考试科目可使用增稳模式（飞控仅内回路参与控制），除不满足通用要求外，考试申请人可有三次机会完成以下科目内容。

科目	科目要求	通用要求
1 起飞	油门操纵均匀，姿态正常	无危险动作与姿态，操作柔和，航空器部件完好
2 悬停	水平位移不超过 ±2 米，垂直位移不超过 ±1 米	
3 慢速水平偏转 360°	水平位移误差不超过 ±2 米，垂直位移误差不超过 ±1 米，方向偏转无卡顿，科目时间为 5 至 30 秒内	
4 水平 8 字	依据航空器性能确定标准航线单个圆直径（6 至 15 米），航空器水平位移误差不超过 ±2 米，垂直位移误差不超过 ±1 米，航空器位移无卡顿，位移速度无明显变化，航向与标准航向切线夹角不超过 30°	
5 定点降落	到达降落点后匀速下降，平稳降落	

1.3 教员等级

多旋翼类别教员等级实践飞行考试科目可使用增稳模式（飞控仅内回路参与控制）（如适用），除不满足通用要求外，考试申请人可有三次机会完成以下科目内容。

科目	科目要求	通用要求
1 起飞	油门操纵均匀，姿态正常	
2 悬停	水平位移不超过 ±2 米，垂直位移不超过 ±1 米	

（续表）

科目	科目要求	通用要求
3 顺/逆时针慢速水平偏转360°	水平位移误差不超过±2米，垂直位移误差不超过±1米，方向偏转无卡顿，科目时间为5至30秒内	无危险动作与姿态，操作柔和，航空器部件完好
4 后退水平8字	依据航空器性能确定标准航线单个圆直径（6至15米），航空器水平位移误差不超过±2米，垂直位移误差不超过±1米，航空器位移无卡顿，位移速度基本无变化，航向与标准航线切线夹角不超过25°	
5 定点降落	到达降落点后匀速下降，平稳降落	

2. 地面站考试标准

2.1 地面站考试设备和要求

地面站考试需申请人自行准备具备考试所需功能以及飞行态势记录功能的地面站设备。在实施考试时考试员检查设备的适用性，如因设备不符合要求或准备不充分导致考试无法进行，终止考试，申请人可申请缓考。

2.2 考试程序

地面站科目考试程序按照飞行活动组织实施的四个阶段进行，包括预先准备、飞行前准备、飞行实施和飞行后讲评。只有通过前阶段的考试后方可进入下一阶段的考试。

2.2.1 预先准备

预先准备阶段主要进行航线规划、标准操作程序与应急操作程序准备、飞行器系统检查三方面内容。这些工作可提前准备，必须在飞行前准备之前完成。考试员在飞行前准备阶段，检查预先准备的完成情况，未完成不得进入下一阶段考试。

（1）航线规划

考试员于飞行前准备阶段以前，依据下表中的航线形式要求公布本次需规划的任务航线（不多于4条），申请人可事先规划好任务航线，并检查航线的可实施性和安全性。航线的安全性包括但不限于满足空域要求、禁飞区要求和人口稠密区要求，规划的航线不能产生不安全的后果。

起飞点确认	根据预先规划的航线，确认起飞点坐标
航线装订	地图点选相对坐标编辑航线模板
航线形状	1.闭合多边形　2.多线段（≥4）非闭合航线 3.对地扫描航线　4.圆形航线
航线高度	要求根据考试场地情况进行高度补偿，航线应设置飞行器性能允许下的高度变化，变化幅度应目视观察可见
航点属性	性能允许的高度及速度变化
应急操作	设置应急返航点、位置信息丢失的处置程序

航线计划	根据机型性能、任务计划、气象预报、航行资料等，进行航行线路的合理计划
航点设置	起降点、航路点、航线高度等航行要素设置
航行程序	设置与检查离场程序、航路飞行程序、进场程序、应急处置程序等
航线上传	将完成规划的航线进行上传验证

（2）标准操作程序（SOP）与应急操作程序准备

申请人应事先准备标准操作程序与应急操作程序。包括但不限于起飞、飞行中更改航线、降落、应急返航、应急降落等内容，形成纸质文件在飞行前准备阶段提交考试员审核。

（3）飞行器系统检查

申请人应事先检查好考试所用无人机系统状态。包括但不限于结构、动力、电池、螺旋桨、自动驾驶仪、数据链路的完整性等，形成纸质检查单，在飞行前准备阶段提交考试员检查。

2.2.2 飞行前准备（6分钟）

本阶段从任务检查开始到完成航线检查和装订结束，需在6分钟之内完成。

（1）任务检查

申请人向考试员介绍飞行任务说明、空域场务、气象获取与分析、飞行人员编配等内容。

（2）状态检查

检查确认飞行器、地面站及链路工作状态是否能正常完成本次任务。

（3）航线检查

由实践考试员为申请人选取1条考试任务航线。申请人依据考试员指令选取空域、位置、方向装订并调整航线，考试员可指挥申请人在表中的范围内对上传的航线进行修改并检查航线。如满足要求则可进入飞行实施阶段。

对于大型无人机操控员执照考试，考试员可指定一名教员或专职任务规划员对申请人所规划的航线进行检查，如满足要求可上传至无人机，进入飞行实施阶段。

2.2.3 飞行实施（6分钟）

飞行实施阶段包括从起飞到着陆的全部过程，申请人需按（a）和（b）的程序操作，本阶段需在6分钟内完成。大型无人机按航线规划的时间实施。

（1）正常操作程序

①自动起飞，按规划航线执行飞行任务；

②在地面站监控仪表，正确识别飞行数据、飞行的正常或故障状态；

③修改航线并执行，按考试员指令要求在操作时间限制内修改航线；修改航线按下列三者选一：

A.30秒内单一航点变高；

B.60秒内单一航点的增减或位置变更；

C.30秒内修改平飞速度。

④在巡航段切换飞行模式，并完成下列内容（大型适用）：

A.指令模式。巡航阶段在飞行安全高度以上，转入指令飞行。发送指令使无人机爬升、高度保持、下滑，改变和保持指定的高度；发送指令使无人机左盘旋、右盘旋、直飞。

B.人工模式。在安全高度以上，调整到巡航速度，切换至人工模式后：

a 进行增减速飞行，通过动力系统功率调整巡航速度变化量分别超过预定巡航速度的20%，过程中高度变化不大于±50米；

b 定高盘旋飞行，连续完成坡度20°以内左右盘旋，过程中要求高度变化不大于±50米，速度变化不大于预定巡航速度的20%；

c 平飞转上升或下降，改变高度200±50米，速度变化不大于预定巡航速度的20%。

C.自主模式。通过切换航路点，转到自主模式。遥调侧偏距，按任务要求调整侧偏距，检查无人机飞行轨迹变化情况，调整好后保持5秒，消除侧偏距。

（2）应急操作程序

①按考试员指令要求在地面站进行应急返航操作，要求操作时间不多于15秒；

②模拟位置信息丢失，仅参照地面站显示的航空器航向、姿态、高度和速度信息（不得参考视觉扩展设备或返航角显示信息），以姿态模式遥控操纵无人机应急返航，大型无人机以人工模式操纵无机应急返航。需要满足以下要求：

A.考试员遮挡航迹或飞机位置信息，指令学员返航操作；

B. 学员应操纵无人机应急返航，于30秒内确定与直线归航航线角误差不超过±45°的归航航向并进入返航航线不少于10秒；

C.参照地面站显示的姿态、航迹、航向、高度等信息，小、中型无人机保持航线高度±5米以内超视距飞行，大型无人机保持航线高度±50米以内飞行；

D.由考试员恢复航迹或位置显示，学员在保障安全的条件下遥控无人机返回本场范围（小、中型无人机到达以起飞点为圆心不大于15米半径的区域），根据考试员口令切换操纵模式进行降落。

2.2.4 飞行后讲评

飞行实施完成后，所有学员应参与飞行后讲评，通过的学员简述本次飞行任务的执行过程，每人时间不超过30秒。未通过的学员应简述执行过程中出现的问题，每人时间不超过60秒。最后由考试员进行综合讲评，完成地面站考试全部内容。

※ 课后习题

1. 航空法律法规中级别最高的是（　　）。

2. 植保类无人机属于（　　）类无人机。

3. 民用航空器的适航管理由（　　）负责。

    A. 民航局

    B. 国务院

    C. 中央军委

4. 飞行时间的含义是指什么？

第6章

无人机模拟飞行

在无人机学习和教育培训中，模拟器扮演着很重要的角色。模拟器是一种帮助初学者培养正确的遥控器使用方式的电脑模拟软件，通过在模拟器的练习，能够大大节约入门时间和学习成本，为真机飞行学习奠定良好的基础。

为了便于学习，本章节以山西航院无人机培训基地常用的凤凰模拟器作为讲解示例。

6.1 模拟器安装与调试

1. 模拟器的安装要求

为了便于操作，一般采用台式电脑运行，无软件及数据自动恢复，操作系统支持Win7/Win8/Win10，不建议使用Win XP系统，暂不支持mac。

2. 安装流程

（1）将遥控器凹槽内的黑色滑块拨至最低，对应phoenix RX档，开关调至ON档，如图6-1所示。

图6-1　遥控器挡位设置

（2）双击电脑桌面模拟器图标，如果提示升级要连续两次点击"否"，如图6-2所示。

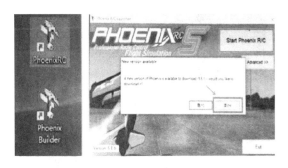

图6-2　打开模拟器软件

（3）点击右上角"Start Phoenix R/C"，如图6-3所示。

图6-3　点击"Start Phoenix R/C"

（4）选择软件语言的种类，中文请选择第一排第二个：Chinese GB，如图6-4所示。

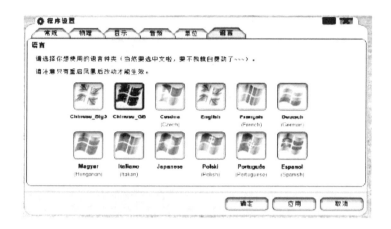

图6-4　选择软件语言种类

（5）第一次使用需要进行新遥控器配置，软件左上角系统设置中选择配置新遥控器，如图6-5所示。

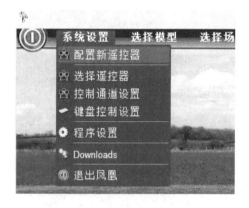

图6-5　选择配置新遥控器

然后按照设置界面的提示，陆续点击"下一步"按钮，直至界面达到图6-6所示。按照该界面的提示，将遥控器的摇杆全部放到中间位置。

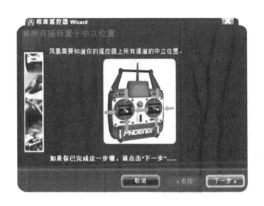

图6-6 按照界面提示把遥控器所有摇杆放到中间

然后,点击"下一步"进入图6-7所示界面,把两根摇杆各个方向极限都打到,建议直接绕圈打杆。

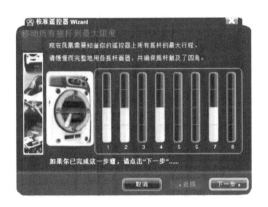

图6-7 设置遥控器摇杆最大限度

然后,点击"下一步"进入图6-8所示界面,打开遥控器所有的开关通道和旋钮通道。

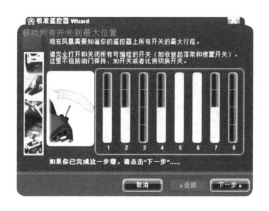

图6-8　设置遥控器所有开关

然后，点击"下一步"进入图6-9所示界面，表示遥控器校准完成。

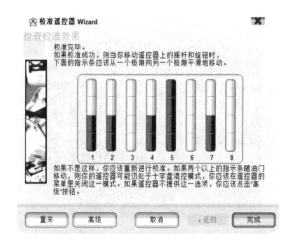

图6-9　遥控器校准完成

然后，继续点击"下一步"进入图6-10所示界面，开始进行控制通道设置。

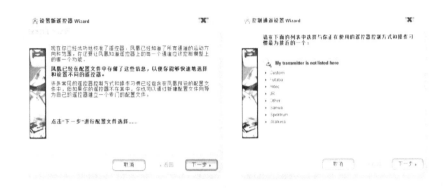

图6-10　开始控制通道设置

使用人可以根据自己的实际情况选择遥控器的控制方式和学习习惯,比如,可以选择futaba。当然,也可以重新塑造一个新的模型设置。

我们以Wfly7为例,打击图6-10右侧界面中的"My transmitter is not listed here",然后进入图6-11的界面,创建一个配置文件。

图6-11　创建一个配置文件

然后,点击"下一步"进入图6-12所示界面,按照界面提示,输入新配置文件的名称:Wfly7,使用快速设置模式。

图6-12　输入新配置文件的名称

然后，继续点击"下一步"进入图6-13所示界面，同时，调整遥控器所有摇杆置于中位位置。

图6-13　调整遥控器所有摇杆置于中位

继续点击"下一步"进入图6-14所示界面，同时，移动遥控器摇杆进行引擎设置。以"日本手"遥控器为例：右手摇杆往上拨动置顶，然后再拉下来；"美国手"遥控器则是左手摇杆往上拨动置顶，然后再拉下来。

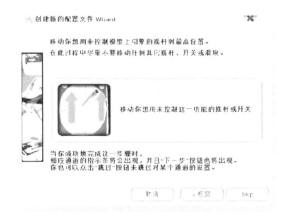

图6-14 设置遥控器引擎

　　继续点击"下一步"进入图6-15所示界面，同时，移动遥控器引擎摇杆进行桨距设置。以"日本手"遥控器为例：右手摇杆往上拨动置顶，然后再拉下来；"美国手"遥控器则是左手摇杆往上拨动置顶，然后再拉下来。

图6-15 设置遥控器桨距

　　继续点击"下一步"进入图6-16所示界面，同时，移动遥控器摇杆进行方向舵设置。以"日本手"遥控器为例：左手摇杆往右拨动至最右，然后再拉回到左边；"美国手"遥控器一样。

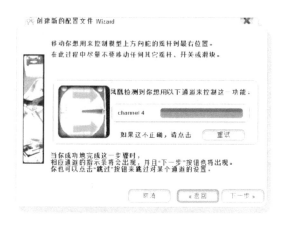

图6-16　设置遥控器方向舵

继续点击"下一步"进入图6-17所示界面，同时，移动遥控器摇杆进行升降舵设置。以"日本手"遥控器为例：左手摇杆往上拨动置顶，然后再拉下来；"美国手"遥控器则是右手摇杆往上拨动置顶，然后再拉下来。

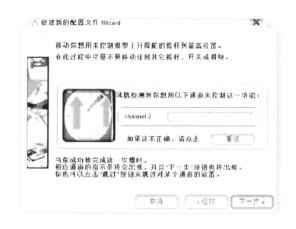

图6-17　设置遥控器升降舵

继续点击"下一步"进入图6-18所示界面，同时，移动遥控器摇杆进行副翼舵设置。以"日本手"遥控器为例：左手摇杆往右拨动至最右，然后再拉回到左边；"美国手"遥控器一样。

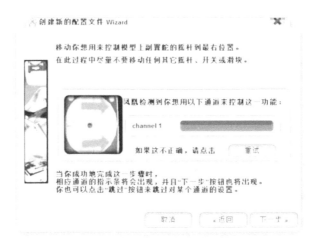

图6-18　设置遥控器副翼舵

6.2 模拟飞行训练

6.2.1 悬停技巧练习

1. 学习目标

（1）能够完成单通道的四个位置的悬停（单通道为升降舵，副翼）；

（2）能够完成双通道的四位悬停；

（3）能够完成带油门通道的八位悬停。

2. 建议学时：56学时

3. 学习内容

（1）认识两根摇杆的作用

①建议学时：1学时

②教具准备：模型凤凰遥控器

③四个舵面的含义

根据摇杆的运动，能准确说出四个舵面的名称，根据屏幕上飞机的移动，能准确说出是哪根摇杆朝哪个方向运动。

以多旋翼模型为例，四个舵面的含义如下：

a副翼（AIL）：控制飞行器的左右平移，机头不偏转，飞行器绕自身纵轴旋转；

b升降舵（ELE）：控制飞行器的前后平移，飞行器绕自身横轴旋转；

c油门舵（THR）：控制飞行器的上下移动，飞行器沿立轴移动；

d方向舵（RUD）：控制飞行器的偏航旋转，飞行器绕自身立轴旋转。

④掌握遥控器"日本手"和"美国手"的区别

a"日本手"的特点是控制飞行器姿态的两个舵面（升降和副翼）是分别由左手和右手控制，油门控制在右手，方向控制在左手。"日本手"遥控器适合需要大舵量精准控制的飞行情况，比如很多航模比赛队员都喜欢用"日本手"遥控器。

b"美国手"的特点是控制飞行器姿态的两个舵面是统一由右手控制的，油门和方向控制在左手。正常无人机飞行建议使用"美国手"，因为"美国手"右手能直接控制飞机的前后左右飞行，比较符合中国人右手的使用习惯，而且正常作业的时候操作也比较简单。

c 四个舵面对应的摇杆差异:

"美国手":左手油门与方向右手升降与副翼,如图6-19所示。

"日本手":左手升降与方向右手油门与副翼,如图6-20所示。

图6-19　"美国手"摇杆控制示意图

图6-20　"日本手"摇杆控制示意图

(2)掌握八位悬停的含义

①建议学时:1学时

②教具准备:模型飞机1架(建议采用四旋翼无人机模型)

③学习目标

a 熟悉八位悬停的基本含义;

b 理解同一姿态在不同位置的视图；

c 飞行八字航线的过程中，飞机姿态在各个点的变化过程。

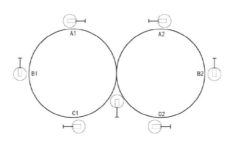

图6-21　八位悬停示意图

④学习安排

a 如图6-22所示，用模型飞机分别演示对右、对尾、对左、对头悬停的状态姿态。

图6-22　对右、对尾、对左、对头悬停示意图

b 如图6-23所示，用模型飞机分别演示45°悬停的四种状态，每个姿态均是以机头朝向的位置来判断的。

图6-23　45°悬停四种状态示意图

c 如图6-24所示，飞机以机头向右的状态从左向右飞行的过程：当飞机在左侧远端的时候，操作者看到的多的是机头的范围，而机身的侧面看得很

少, 这个时候可以把此刻的姿态理解为对头。当飞机保持同一姿态慢慢向操作者靠近的过程中, 看见机身的侧面越来越多, 机身相对于操作者也慢慢地转变成为侧面姿态。这就是随着飞机和操作者位置的变化, 即使飞机的姿态没有发生变化, 但是相对于操作者, 飞机姿态永远都是在一个动态变化的过程中。

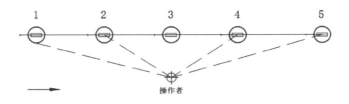

图6-24　以机头向右的状态从左向右飞行过程示意图

d 如图6-25所示, 当飞机以对头姿态从左侧向右侧平移飞行过程: 当飞机在左侧远端的时候, 操作者看到的多的是机身侧面的范围, 而机头看到的很少, 这个时候可以把此刻的姿态理解为对左。当飞机保持同一姿态慢慢向操作者靠近的过程中, 看见机头越来越多, 逐渐转变为对头姿态, 然后又逐渐向对右姿态转变。任何一种姿态都不是孤立的, 它是永远处于转换过程中, 所以对于姿态的转换要随时能够判断。

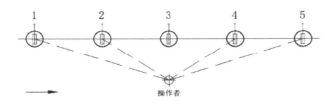

图6-25　飞机以对头姿态从左侧向右侧平移飞行过程示意图

（3）模拟器单通道练习

①建议学时：8学时

②教具准备：模拟器，电脑

③学习目标

a 能够在每个单通道下把飞机停在此通道运动方向上的任何点上；

b 以副翼通道为例：将飞机能够很稳定地停留在1 2 3 4 5五点上（图6-26所示）；

c 在升降通道上也可以将飞机能够很稳定地停留在图示的1 2 3 4 5，五点上。

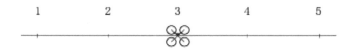

图6-26　五点悬停位示意图

④学习安排

进入模拟器悬停训练的单通道模式，如果选择直升机，请把模拟速度改为70%，多旋翼保持默认值100%。

a 副翼单通道练习

如图6-27所示副翼在对尾悬停姿态，飞机向左运动，副翼应向右修舵，飞机向右运动，副翼应向左修舵。

图6-27 副翼单通道对尾悬停训练

如图6-28所示，副翼在对头悬停姿态模式下，飞机向右运动，副翼应向右修舵，飞机向左运动，副翼应向左修舵。

图6-28 副翼单通道对头悬停训练

如图6-29所示，副翼在对左悬停姿态模式下，飞机远离自己而去，副翼向左侧修舵，飞机靠近自己而来，副翼向右侧修舵。

图6-29 副翼单通道对左悬停训练

如图6-30所示，副翼在对右悬停姿态模式下，飞机远离自己而去，副翼
应向右侧修舵，飞机靠近自己而来，副翼应向左侧修舵。

图6-30　副翼单通道对右悬停训练

b 升降单通道练习

如图6-31所示，升降舵在对尾悬停姿态模式下，飞机向前运动，升降应
向后拉舵；飞机向后运动，升降应向前推舵。

图6-31　升降单通道对尾悬停训练

如图6-32所示，升降在对头悬停姿态模式下，飞机远离自己而去，升降
应向前推舵；飞机靠近自己而来，升降应向后拉舵。

图6-32　升降单通道对头悬停训练

如图6-33所示，升降在对左悬停姿态模式下，飞机向左运动，升降应向后拉舵，飞机向右运动，升降应向前推舵。

图6-33　升降单通道对左悬停训练

如图6-34所示，升降在对右悬停姿态模式下，飞机向左运动，升降应向前推舵；飞机向右运动，升降应向后拉舵。

图6-34　升降单通道对右悬停训练

（4）模拟器双通道练习

①建议学时：20学时

②教具准备：模拟器，电脑

③学习目标

a 能够在双通道下把飞机缓慢地做米字平移A-A1/B-B1/C-C1/D/D1（如图6-35所示）；

b 能够在其他三种姿态下同样完成平移控制。

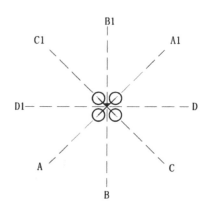

图6-35　米字平移示意图

④学习安排

进入悬停模式下的双通道训练。

对尾悬停模式下，飞机在中心点保持悬停。

对尾悬停模式下，飞机在A、B、C、D点保持悬停。可以体会下飞机不在正前方悬停时（A，C，D点）有什么操作上的不同。

对尾悬停模式下，飞机在A1、B1、C1、D1点保持悬停。

对尾悬停模式下，从A点缓慢移向A1点，移动过程中，体会打舵的先后顺序。

对尾悬停模式下，完成B-B1，C-C1，D-D1的移动，并感受平移修舵的感受和悬停修舵感受的不同。

保持对头悬停模式下，完成第1，2，3，4，5，6项。

保持对左悬停模式下，完成第1，2，3，4，5，6项。

保持对右悬停模式下，完成第1，2，3，4，5，6项。

（5）带油门全通道悬停练习

图6-36　带油门全通道悬停示意图

①建议课时：20学时

②教具准备：模拟器，电脑

③学习目标

如图6-36所示，能够在所有通道情况下把飞机停在中心圈内保持10秒以上，高度2米（旗杆高度）。

④学习安排

A.如图6-37所示，采用对尾悬停姿态，飞机在A、B、C、D四点保持悬停。

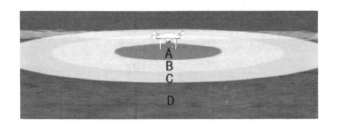

图6-37　带油门全通道对尾悬停示意图

飞机在悬停时，可以分为四个等级：

在A点所处圈内悬停时，可以定义为优。

在B点所处圈内悬停时，可以定义为良。

在C点所处圈内悬停时，可以定义为合格。

在D点所处圈外悬停时，可以定义为不合格。

b 飞机在训练对尾悬停时，首先要学习使用油门舵，让飞机平稳地爬升到一定高度悬停，在这个过程中油门是基础。

当飞机起飞以后，会在三维空间内的任一方向飘动，这时就应结合升降舵和副翼舵，把飞机悬停到要求的框内。

当要想把飞机悬停在A点时，这就要求眼睛和手的配合，每当感受到飞机即将要飘走之前，就将其拉回来，平稳而迅速地完成这个过程。

飞机的对尾悬停中，前后、左右运动和自己所处的环境的动态是一样的，所以对尾悬停也是最容易的一个姿态。

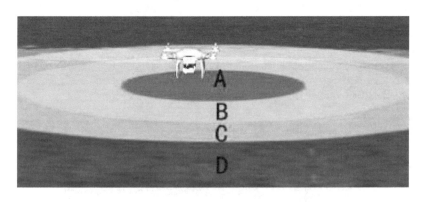

图6-38 带油门全通道对头悬停示意图

飞机的对尾训练完毕以后，接下来就是对头悬停训练的练习，对头悬停的练习是基于对尾悬停的基础之上。

首先将飞机对尾悬停平稳以后，旋转180°就是对头。在这个旋转过程中，要注意飞机平稳，不要让飞机有大的姿态角。

升降舵和副翼舵都是反的，也就是运动方向朝哪边移动，就朝哪个方向打舵。这个规律很重要，当飞机有向左飘动的趋势时，一定要迅速压左副翼抑制飞机的这种往左的运动趋势；当飞机有朝后运动的趋势时，一定迅速地往后拉升降舵抑制住飞机这种往后的运动趋势。当然这个规律在开始阶段可以帮助操作者来迅速判断，最终希望操作者能够达到一种熟练的本能反应。

在练习对头悬停过程中最易出现的错误是对头时推升降杆，飞机冲自己飞来。

c 如图6-39所示，采用对右悬停姿态，飞机在A、B、C、D四点保持悬停。

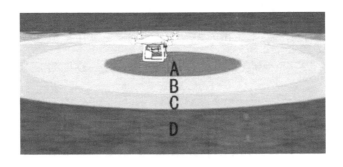

图6-39　带油门全通道对右悬停示意图

飞机的对右悬停同样也是基于对尾悬停的基础之上，将飞机的对尾悬停稳住，顺时针旋转90°，就可得到对右悬停。

在对右悬停这个过程中，特别注意的是不要错舵，会产生分不清前后左右，所以可先微微侧身，身体朝向机头的方向，有点类似于对尾的感觉，来帮助你迅速判断打舵的方向。

d 如图6-40所示，采用对左悬停姿态，飞机在A、B、C、D四点保持悬停。

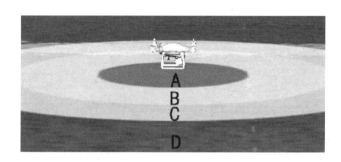

图6-40　带油门全通道对左悬停示意图

飞机的对左悬停同样也是基于对尾悬停的基础之上，将飞机的对尾悬停稳住，逆时针旋转90°，就可得到对左悬停。

对左悬停训练的练习，可以对照对右悬停的方法练习。

e 如图6-41所示，采用对尾左45°悬停姿态，飞机在A、B、C、D四点保持悬停。飞机的对尾左45°悬停姿态是在对尾的基础上，逆时针旋转45°，即对尾左45°悬停。

在这个过程中要注意的是飞机在偏移的过程中，升降舵和副翼舵是相互配合完成，使得飞机悬停到A点上。

对尾左45°悬停，一般就以对尾悬停的方式去修舵，不会出现错舵，关键是对尾45°悬停可能同时需要两个舵面去修正才能回到理想的位置。而单纯的对尾悬停可能仅仅每次只需要修正单个舵面就可以到达理想的位置。

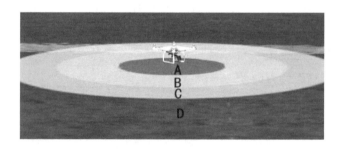

图6-41　带油门全通道对尾左45°悬停示意图

f 如图 6-42 所示为对尾右 45° 悬停姿态，飞机在 A、B、C、D 四点保持悬停。飞机的对尾右 45° 悬停姿态是在对尾的基础上，顺时针旋转 45°，即对尾右 45° 悬停。

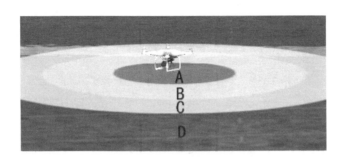

图 6-42　带油门全通道对尾右 45° 悬停示意图

在这个过程中要注意的是飞机在偏移的过程中，升降舵和副翼舵是需要同时操作，才能使飞机悬停到 A 点上。

对尾右 45° 悬停，参照对尾左 45° 悬停的练习方式，在这里比单纯对尾控制更先进的是需要锻炼同时感受两个舵面的运动趋势来迅速修正的能力。这比单纯的四位悬停的修正又进了一步。

g 如图 6-43 所示为对头右 45° 悬停姿态，飞机在 A、B、C、D 四点保持悬停。飞机的对头右 45° 悬停姿态是在对头的基础上，逆时针旋转 45°，即对头右 45° 悬停。对头 45° 悬停相对于对尾 45° 稍难些。

但有对头悬停作为基础，在飞机偏移的过程中，以对头的方式去修舵，不会出现错舵的。对于美国手的操作者，可以尝试斜向打舵，来同时控制升降副翼舵面，打杆的方向跟飞机的运动趋势一致。对于日本手的操作者，需要双手的同时协调。

图6-43　带油门全通道对头右45°悬停示意图

　　h 如图6-44所示，为对头左45°悬停姿态，飞机在A、B、C、D四点保持悬停。飞机的对头左45°悬停姿态是在对头的基础上，顺时针旋转45°，即对头左45°悬停。可以参照对头右45°的练习方式，左右必须达到同样的熟练程度。

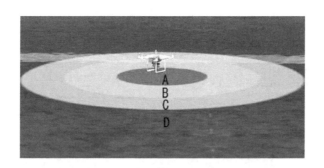

图6-44　带油门全通道对头左45°悬停示意图

（6）直向平移练习

①建议学时：8学时

②教具准备：模拟器，电脑

③学习目标

a 能够将飞机在对尾姿态下按如下路线进行匀速飞行A-B-C-D-A，如图6-45所示。

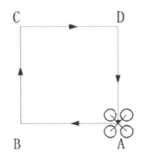

图6-45　直向平移示意图

b 在对头、对左、对右三种姿态下同样完成上面的轨迹运动。

④学习安排

a A、B两点间横向平移，如图6-46所示。

图6-46　A、B两点间横向平移示意图

调出模拟器场景中的F3C方框场地。手动起飞，将飞机在A点悬停。将飞机悬停在A点，保持飞行高度2米不变，时间10秒。在A点悬停时，同时去观察B点的位置。

将飞机从A点移动到B点，保持速度匀速缓慢很重要。此时控制速度的是副翼舵面。再将飞机匀速飞到B点悬停，这个过程保持高度，控制好飞机的速度（副翼舵），用升降舵控制直线飞行轨迹的精确。飞机到B点悬停，高度2米，悬停时间10秒。

这里考察的是主要舵面和次要舵面协调控制的能力，如果轨迹不够直，需要反复来练习这条轨迹。

B、C两点间竖向平移，如图6-47所示。

图6-47　B、C两点间横向平移示意图

在B点悬停的过程中，去观察C点的位置。将飞机匀速飞到C点悬停，这个过程保持高度，控制好飞机的速度（升降舵），同时用副翼舵控制直线飞行轨迹的精确。

同理，按照①、②类似流程，可以完成 C、D 两点间横向平移练习以及D、A 两点间竖向平移。

（7）斜向平移练习

①建议课时：8学时

②教具准备：模拟器，电脑

③学习目标能够将飞机对尾姿态下按A-B-C-D-A的路线进行匀速飞行（如图6-48所示），在对头、对右、对左三种姿态下同样完成上面的轨迹运动。

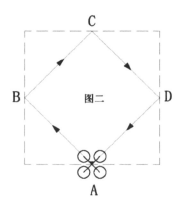

图6-48　带油门全通道斜向平移示意图

④学习安排

A、B间斜向平移，如图6-49所示。

手动起飞，将飞机在A点悬停。将飞机悬停在A点，保持飞行高度2米不变，时间10秒。在A点悬停时，同时去观察B点的位置。

再将飞机匀速飞到B点悬停，这个过程保持高度，控制好飞机的速度（升降舵与副翼舵）。将飞机悬停在B点，保持飞行高度2米不变，时间10秒。

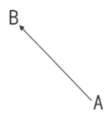

图6-49　A、B两点间斜向平移示意图

飞行过程中一定要保持轨迹的精准（副翼和升降舵的协调精准打舵能力），高度的统一（油门舵的快速修正能力）。如果没达到这两点要求，需要反复练习这条航迹。

同理，可以陆续开展B、C间/C、D间/D、A间斜向平移，这里不再赘述。

（8）45°平移练习

①建议课时：8学时

②教具准备：模拟器，电脑

③学习目标

能够将飞机按照对头45°姿态下按A-A1/B-B1的路线进行平移练习，如图6-50所示。

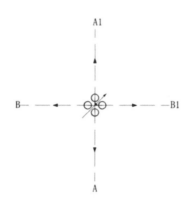

图6-50　带油门全通道对头45°平移示意图

④学习安排

如图6-51所示（A-A1），首先将飞
机以对尾的姿态悬停，然后顺时针旋转
45°即可。将飞机以对尾45°的姿态悬
停在中心点，保持飞行高度2米不变，
时间10秒。

图6-51　A、A1间对头45°平移示意图

让飞机沿纵向前后平移，由中心点
平移到A1点。在这个过程中要注意飞
机容易偏离纵向线，这就要求推升降舵
和压副翼舵，使飞机到达A1点悬停。

将飞机由A1到中心点再到A点平移。

在练习中注意查看，能否提前观察目标点，提前观察目标点能让操作者
更加主动地控制飞机，而不是被动地去修正飞机。

同理，可以开展B-B1平移练习，这里不再赘述。

（9）四位悬停练习

①建议课时：6学时

②教具准备：模型飞机1架，模拟器，电脑

③学习目标

能够将飞机在中心圈内四位悬停，每个位置停留1秒，高度2米。

④学习安排

如图6-52所示对尾起飞。将飞机以对尾方式悬停在中心圈内起飞，高度2米不变，时间10秒。

图6-52 四位悬停－对尾起飞示意图

将飞机按照逆时针旋转90°，平稳地旋转，不要出现大姿态角。机头向左悬停在中心圈内，高度2米，保持10秒，注意修正副翼，如图6-53。

图6-53 四位悬停－左旋90°悬停示意图

继续将飞机按逆时针旋转90°。然后以对头姿态悬停在中心圈内，高度2米，保持10秒。注意修正升降舵，如图6-54。

图6-54　四位悬停-左旋180°悬停示意图

继续将飞机按逆时针旋转90°。然后机头向右侧悬停姿态停在中心圈内，高度2米，保持10秒。注意修正副翼舵，如图6-55。

图6-55　四位悬停-左旋270°悬停示意图

继续将飞机按逆时针旋转90°。然后飞机以对尾姿态悬停，就完成四位悬停。

重复以上步骤，把停留时间缩短在5秒。5秒时间一到，转换到下一个姿态，此时如果你的飞机在漂移当中，就在漂移当中边修正边转姿态。继续重复以上步骤，把停留时间缩短在1秒。

继续重复以上步骤，把顺时针旋转也练习一下。

此练习锻炼的就是四个姿态的熟练程度，短时间内能迅速地由一个姿态转换到另一个姿态。

（10）八位悬停练习

①建议课时：6学时

②教具准备：模拟器，电脑

③学习目标

将飞机在中心黄圈内八位悬停，每个位置停留1秒，高度2米。

④学习安排

如图6-56所示，飞机以对尾起飞姿态起飞。将飞机以对尾方式悬停在中心黄圈内，高度2米不变，时间10秒。

图6-56　八位悬停-对尾方式悬停示意图

将飞机按照逆时针旋转45°，飞机将以对尾的左45°方式悬停在中心黄圈内，高度2米，保持10秒，如图6-57所示。

图6-57　八位悬停-对尾左45°悬停示意图

然后，依次将飞机再逆时针旋转45°，机头向左悬停在中心圈内，高度2米，保持10秒。注意调整副翼。

将飞机再逆时针旋转45°，飞机将以对头的左45°方式悬停在中心圈内，高度2米，保持10秒。

将飞机再逆时针旋转45°，飞机以对头姿态悬停在中心圈内，高度2米，保持10秒，注意调整升降舵。

将飞机再逆时针旋转45°，飞机将以对头右45°方式悬停在中心圈内，高度2米，保持10秒。

将飞机再逆时针旋转45°，飞机将以右侧悬停在中心圈内，高度2米，保持10秒，注意调整副翼。

将飞机再逆时针旋转45°，飞机将以对尾的右45°方式悬停在中心圈内，高度2米，保持10秒。

将飞机再逆时针旋转45°，飞机将以对尾方式悬停在中心圈内，高度2米，保持10秒。

当飞机重新回到对尾状态，结束一个训练过程。

重复以上步骤，把停留时间缩短到5秒。继续重复以上步骤，把顺时针旋转的八位悬停练习停留时间缩短到1秒。

本练习锻炼的就是八个姿态的熟练程度，短时间内能迅速地由一个姿态转换到另一个姿态。

6.2.2 模拟器八字飞行技能训练

无人机在飞行时，其飞行航线是由若干个点组成的。在上一节悬停基本功练习的基础上，可以把若干个点的悬停慢慢连贯起来，形成慢速的各种航线。

本节练习的学习目标：能够完成八字慢速航线的飞行。

本节练习的建议学时：104学时。

1. 米字平移

（1）建议课时：6学时

（2）教具准备：模拟器，电脑

（3）学习目标

如图6-58所示，将飞机沿A段（A-A1），B段（B-B1），C段（C-C1）这三段做平移飞行。其中A段飞机姿态是对左平移，B段是对右平移，C段是对头平移，每段平移都需要经过中心点O，在每个端点处需要保持悬停5秒。

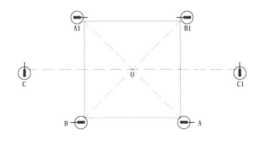

图6-58　米字平移示意图

（4）学习安排

在模拟器软件中，选择合适的训练背景，点击选择场地，选择场地布局，点击F3C方框。

①A段悬停移动协调训练

飞机在O点起飞并保持对尾悬停1分钟，如图6-59所示。

逆时针原地旋转90°至左侧位悬停1分钟。向右操作副翼，使飞机向远处飞行。在飞机向远处移动的同时向前推升降舵，使飞机向左移动。协调升降舵和副翼舵，使飞机匀速向左前方移动。

图6-59　米字平移–对尾悬停示意图

移动飞机到A1点，飞机悬停操作1分钟，如图6-60所示。

图6-60　米字平移–A1点悬停示意图

向左操作副翼，使飞机向近处移动。在飞机向近处移动的同时，向后拉升降舵, 使飞机向右移动。协调飞机升降舵和副翼舵, 使飞机匀速向A1点右下方移动。

移动飞机至O原点, 悬停1分钟。

向后拉升降舵, 使飞机向后移动。在飞机向后方移动时, 向左操作副翼, 使飞机向近处移动。协调升降舵和副翼舵, 使飞机匀速向O点右下方移动。移动飞机到A点, 飞机悬停操作1分钟。如图6-61所示。

图6-61　米字平移-A点悬停示意图

向右操作副翼, 使飞机向远处运动。在飞机向远处运动的同时, 向前推升降舵, 使飞机向前运动。协调升降舵和副翼舵, 使飞机匀速向A点右前方移动。

操作飞机在O点悬停, 顺时针旋转90°, 对尾悬停1分钟。

②B段悬停移动协调训练

飞机在O点原地顺时针旋转90°至右侧位, 悬停1分钟。如图6-62所示。

图6-62　米字平移-O点右侧位悬停示意图

　　向左压副翼使飞机向远处运动。在飞机向远处运动的同时向前推升降舵，使飞机向前运动。协调升降舵和副翼舵，使飞机匀速向O点左上方运动，至B1点。如图6-63所示。

图6-63　米字平移-B1点悬停示意图

　　飞机在B1点悬停一分钟。向右操作副翼，使飞机向近处运动。在飞机向近处移动时，向后拉升降舵，使飞机向左移动。协调升降舵和副翼舵，使飞机匀速向O点移动。

　　操作飞机在O点悬停5秒。向后拉升降舵，使飞机先向左移动。在飞机向左移动的同时，向右操作副翼，使飞机向近处移动。协调升降舵和副翼，使飞机匀速向B点移动。

操作飞机在B点悬停5秒。如图6-64所示。

图6-64　米字平移-B1点悬停示意图

向左操作副翼使飞机向远处移动。向前推升降舵,使飞机向右移动。

协调升降舵和副翼舵,保持飞机姿态小变化,使飞机匀速向O点移动。

操作飞机在O点右侧悬停5秒。

原地逆时针旋转90°,对尾悬停1分钟。

③C段悬停移动协调训练

在O点原地旋转180°至飞机对头位置,悬停5秒。如图6-65所示。

图6-65　米字平移-对头悬停示意图

向右操作副翼，使飞机向左移动。控制升降舵，使飞机尽量保持直线飞行。在控制升降舵的同时，修正副翼控制速度，保持飞机匀速向C点移动。

保持飞机姿态在C点悬停5秒。如图6-66所示。

图6-66　米字平移-C点悬停示意图

向左操作副翼使飞机向右移动。控制升降舵，尽量使飞机保持直线移动。控制副翼使飞机匀速向O点移动。

在O点对头悬停5秒。向左操作副翼使飞机向右移动。控制副翼，保持飞机匀速。修正升降舵，尽量使飞机保持直线移动。

在C1点悬停5秒。如图6-67所示。

图6-67　米字平移-C1点悬停示意图

向右操作副翼，使飞机向左移动。控制升降舵和副翼，尽量使飞机匀速，并保持直线移动。在O点对头悬停5秒。

2．八位直线平移练习

（1）建议学时：20学时

（2）教具准备：模拟器，电脑

（3）学习目标

本练习需要飞机每顺时针旋转45°就平移一段距离，旋转和平移是同时进行的，从中点往左然后往右，最后又回到中点1-2-3-4……16-1，如图6-68所示。

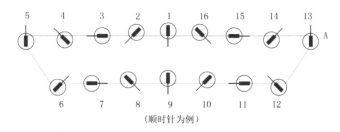

图6-68　八位直线（飞机顺时针旋转）平移示意图

（4）学习安排

在模拟器中调出F3C的直线场地：点击选择场地，选择场地布局，点击F3C直线场地，开展顺时针自旋航线练习。

①完成后退自旋航线90°旋转（1-3），如图6-69所示。

飞机在1号点起飞，采用对尾悬停1分钟。顺时针旋转45°，并向左操作副翼，使飞机向左移动。保持飞机向左移动，继续旋转飞机45°，至右侧位。

控制副翼使飞机在直线上，右侧位悬停5秒。

图6-69　后退自旋航线90°旋转（1-3）

②完成后退自旋航线180°旋转（3-5），如图6-70所示。

向后拉升降舵使飞机向左移动，并继续使飞机顺时针旋转45°。转至对头45°向右操作副翼，并保持飞机顺时针旋转，至对头。对头悬停5秒。

图6-70　后退自旋航线180°旋转（3-5）

③完成后退自旋航线270°旋转（5-7），如图6-71所示。

向左操作副翼，使飞机向右方移动，并继续顺时针旋转飞机45°。飞机转至对头45°时向后拉升降舵，保持飞机旋转，至左侧位。左侧悬停5秒。

图6-71　后退自旋航线270°旋转（5-7）

④完成后退自旋航线360°旋转（7-9），如图6-72所示。

向后拉升降舵，使飞机向右移动，保持飞机继续顺时针旋转。飞机转至对尾45°向右操作副翼，保持飞机继续顺时针旋转至对尾。对尾悬停5秒。

图6-72 后退自旋航线360°旋转（7-9）

⑤完成前进自旋航线90°旋转（9-11），如图6-73所示。

顺时针旋转45°，并向右操作副翼，使飞机向左移动。保持飞机向左移动，继续旋转飞机45°，至右侧位。控制副翼使飞机直线上，右侧悬停5秒。

图6-73 前进自旋航线90°旋转（9-11）

⑥完成前进自旋航线180°旋转（11-13），如图6-74所示。

向前推升降舵使飞机向左移动，并继续使飞机顺时针旋转45°。转至对头右45°向左操作副翼，并保持飞机顺时针旋转，至对头。对头悬停5秒。

图6-74　前进自旋航线180°旋转

⑦完成前进自旋航线270°旋转（13-15），如图6-75所示。

向右操作副翼，使飞机向右方移动，并继续顺时针旋转飞机45°。飞机转至对头左45°时向前推升降舵面，保持飞机旋转，至左侧位。左侧悬停5秒。

图6-75　前进自旋航线270°旋转

⑧完成前进自旋航线360°旋转（15-1），如图6-76所示。

向前推升降舵使飞机向左移动，并继续使飞机顺时针旋转45°。转至对尾左45°向左操作副翼，并保持飞机顺时针旋转，至对尾。对尾悬停5秒。

图6-76　前进自旋航线360°旋转（15-1）

3. 八位曲线平移练习

（1）建议学时：20学时

（2）教具准备：模拟器，电脑

（3）学习目标

每旋转45°就沿曲线移动一段距离，旋转和移动是同时进行的，顺序为：1-2-3-4-5-6-7-8-1，如图6-77所示。

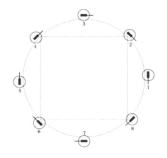

图6-77　八位曲线平移示意图

（4）学习安排

在模拟器中调出F3C的方框场地，点击选择场地，选择场地布局，点击F3C方框。

①完成1/4圆模拟飞行，如图6-78所示。

对尾悬停一分钟，然后对尾平移飞机至方框右侧，悬停5秒。

向前缓慢推升降舵，直线经过1米左右，然后保持飞机逆时针缓慢旋转45°。用升降舵控制前进速度。

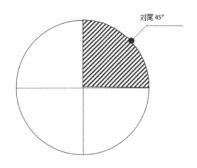

图6-78　1/4圆模拟飞行示意图

旋转至对尾45°，继续向前推升降舵，保持飞机继续逆时针方向旋转在完成前面几步的基础上加入副翼，控制飞机防止出现侧滑。

②转至飞机的左侧位，飞机位置在方框正前方悬停5秒，完成1/2圆，如图6-79所示。

侧位悬停5秒。向前缓慢推升降舵，使飞机直线经过1米左右，然后保持飞机逆时

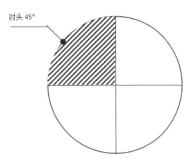

图6-79　1/2圆模拟飞行示意图

针缓慢旋转45°，用升降舵控制前进速度。

旋转至对头45°，继续向前推升降，保持飞机方向旋转在完成前面几步的基础上加入副翼，控制飞机防止出现侧滑。

③转至飞机对头，飞机在方框左边，悬停5秒，完成3/4圆，如图6-80所示。

图6-80　3/4圆模拟飞行示意图

对头悬停5秒。向前缓慢推升降舵，使飞机直线经过1米左右，然后保持飞机逆时针旋转45°，用升降舵控制前进的速度。

旋转至对头右45°，继续向前缓慢推升降舵，保持飞机方向旋转在完成前面几步的基础上加入副翼，控制飞机防止出现侧滑。

④转至飞机右侧位，飞机位置在方框正后方位置，悬停5秒，完成圆周航线练习，如图6-81所示。

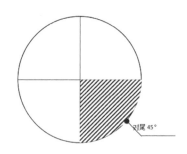

图6-81　完成圆周模拟飞行示意图

右侧位悬停5秒。向前缓慢推升降舵，使飞机直线经过1米左右，然后保持飞机逆时针旋转45°，用舵控制前进的速度。

旋转至对尾右45°，继续向前缓慢推升降舵，保持飞机方向旋转在第四步完成的基础上加入副翼，控制飞机防止出现侧滑。

转至飞机对尾，飞机位置在方框正右方位置，悬停5秒。

反复练习四条弧线，做到可以连续不停顿地完成整个圆弧航线。

4. 斜8字练习

（1）建议学时：8学时

（2）教具准备：模拟器，电脑

（3）学习目标

如图6-82所示，将飞机沿1-2-3-4-5-6-7-8-1粗实线轨迹连续运动，速度越慢越好，高度2米。

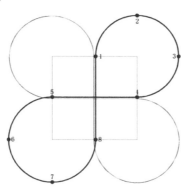

图6-82　斜八字练习

（4）学习安排

参照之前的练习，在模拟器中调出F3C的方框场地。

右上圆周航线练习：从1点出发，速度稍慢，连续完成整个圆周航线，在

4点处停留5秒。

左下圆周航线练习：从4点出发，速度稍慢，连续完成整个圆周航线，在8点处停留5秒。

中间不做停留，完整地沿1-2-3-4-5-6-7-8-1缓慢运动。重复4-6步，沿粗实线轨迹运动。

5. 八字航点自旋练习

（1）建议学时：8学时

（2）教具准备：模拟器，电脑

（3）学习目标

如图6-83所示，将飞机沿1-2-3-4-1-5-6-7-1轨迹运动，每个点处做一次自旋360°。

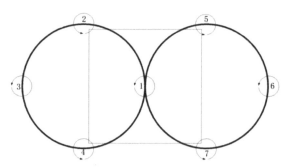

图6-83　八字航点自旋练习示意图

（4）学习安排

参照之前的练习，在模拟器中调出F3C的方框场地。

从1点出发，到达2点后保持对左悬停姿态，然后原地自旋360°一周。

从2点继续出发，到达3点后保持对头悬停姿态原地自旋360°一周。

不断重复以上步骤，直至飞机完成第7点到第1点的运动。

6. 水平八字航点练习

（1）建议学时：8学时

（2）教具准备：模拟器，电脑

（3）学习目标

如图6-84所示，操作飞机在1-2-3-4-1-5-6-7-1各点分别保持各自的姿态停留5秒，高度2米。

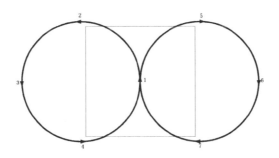

图6-84　水平八字航点练习示意图

（4）学习安排

操作飞机按照练习目标要求，不断重复飞行，直至飞机可以随时停留在航线中任一点。

7. 八字航线练习

（1）建议学时：20学时

（2）教具准备：模拟器，电脑

（3）学习目标

如图6-85所示，将飞机沿1-2-3-4-1-5-6-7-1轨迹连续运动，中间不停留，速度越慢越好，高度2米。

（4）学习安排

从1点出发，缓慢连续不停顿地经过一个圆周重新回到1点停顿5秒。

从1点继续出发，同样要求完成另一侧的圆周运动。

不断重复以上步骤，直至飞机能够停留在航线中任一点，又能继续航线。

在八字航线练习中升降舵是第一位，控制飞行速度。方向舵是第二位，控制轨迹的形状。副翼舵是第三位，控制轨迹的精准。

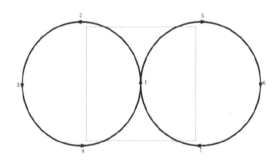

图6-85　八字航线练习示意图

※ 课后习题

1. 控制飞行器的左右平移，机头不偏转，飞行器绕自身纵轴旋转为（　　）。

2. 左手升降与方向右手油门与副翼为（　　）手。

3. 下列字母简写中哪个为副翼（　　）？

A.THR

B.RUD

C.AIL

D.ELE

4. 阐述四个舵面的作用。

5. 视频录制360°模拟器自旋。

要求：自旋（25~35秒完成），要有修舵意识，严禁快速旋转完毕。

第 7 章

室外真机飞行训练与 考试流程

在熟练地进行模拟飞行的基础上，就可以开展室外真机飞行训练了。本章将结合山西航院无人机培训基地室外真机飞行的经验介绍室外真机飞行前如何做好准备工作，以及如何开展真机飞行训练。

7.1 飞行前准备

7.1.1 了解专用充电设备的使用

为了确保无人机电池使用安全，延长电池使用寿命，无人机锂电池充电需选用专门的充电设备。在本书中的飞行训练中，我们选用Skyrc PC1080双通道无人机锂电池专用充电器和Skyrc G630充电管家。

如图7-1所示，Skyrc PC1080充电器可以同时为两块6节锂电池进行平衡充电。使用前，要认真阅读使用说明书，并根据训练使用的无人机电池参数，正确设置充电设备参数，进行安全充电。

图7-1 无人机锂电池充电设备

7.1.2　了解BB响的使用

BB响，又名测电器，是一个低压报警装置，主要用在无人机电池上，可以帮助飞手了解电池的工作状态。当无人机飞行过程中电压过低时，就会报警，从而提示飞手及时更换无人机电池。

如图7-2所示，为一款常见的BB响。使用时，负极开始插进电池平衡头进行测电压与低电压报警。建议将一款BB响低电压调至3.7V。

图7-2　一款常见的BB响

7.1.3　了解飞行场地

在开展无人机飞行作业前，要对飞行场地和飞行环境进行充分了解。

1.飞行前应对飞行区地形地势进行一个初步的了解，选择一个开阔无遮挡的场地进行飞行。切勿超过安全飞行高度（相对高度120米）。

2.注意气象观察（影响无人机飞行的气象环境主要包括：风速，雨雪，大雾，空气密度，大气温度等）。

3.需要在GPS信号良好的情况下飞行。

4.遵守当地法律法规（不要在禁飞区飞行，如机场附近、军事基地周边等区域）。

5.飞行区域应远离障碍物、人群密集区、水面等。

6.请勿在有高压线、通信基站或发射塔等区域飞行，以免遥控器受到干扰。

7.飞机要在视线范围内飞行，时刻保持对飞机的控制。

8.当飞机的机翼打到障碍物卡住时，请立刻关闭油门，关闭动力，否则会因为堵转电机造成大电流会烧坏电池、线路板、电机等设备。

7.1.4 了解影响飞行的环境因素

影响无人机飞行作业的主要环境因素有以下六项。

1.风速：建议飞行风速在4级（5.5-7.9米/秒）以下，遇到楼层或者峡谷等注意突风现象。通常起飞重量越大，抗风性越好。

2.雨雪：市场上多数无人机设备无防水功能，故雨雪形成的水滴会影响飞行器电子电路，造成部分短路或漏电的情况。其次，机械结构部分零件为铁或钢等金属材料，进水后会腐蚀或生锈，影响机械运动正常运行。

3.大雾：主要影响操纵人员的视线和镜头画面，难以判断实际安全距离。

4.空气密度：大气层空气密度随着海拔高度的增加，空气密度减小。在空气密度较低的环境中飞行，飞行器的转速增加，电流增大，进而减少续航时间。

5.大气温度：飞行环境温度非常重要，主要影响电机/电池/电调等散热，大多数无人机采用风冷自然散热。温度环境与飞行器运行温度温差越小，散热越慢。

6.电磁环境：飞行前，注意观察飞行区域周边电磁干扰源情况。

7.1.5　知晓飞行安全事项

为了确保无人机飞行安全，建议飞手要知晓飞行安全事项，做好必要的飞行应急预案。

1.调试飞行器时，必须确保螺旋桨未安装于电机上（禁止螺旋桨安装于电机上时进行调试飞行器操作，否则有可能发生意外事故）。

2.严禁近身起飞，飞行器起飞必须保持距离2米以上。

3.严禁地面突然急推油起飞，避免飞行器姿态出错不可控撞向人群。

4.飞行无人机时，出现任何突发事情，应在保证所有人员安全的基础上，最大化降低无人机的损坏。

5.严禁非测试飞手外其他人员擅动遥控器，避免误操作导致意外发生。

6.严禁任何情况下用手接降落飞行器。

7.严禁飞行器降落后，桨未停转或未自锁拿起飞行器，务必保证飞行器自锁后再行移动。

7.1.6　做好飞行前无人机检查

1.上电前应先检查机械部分相关零部件的外观，检查螺旋桨是否完好，表面是否有裂纹。检查螺旋桨转向是否正确，安装是否紧固，用手转动螺旋桨查看旋转是否有阻塞等。

2.检查电机安装是否紧固，有无松动等现象（如发现电机安装不紧固应停止飞行，使用相应工具将电机安装固定好）。用手转动电机查看电机旋转是否有卡涩现象，电机线圈内部是否干净，电机轴有无明显的弯曲；检查机架是否牢固，螺丝有无松动现象。

3.检查无人机布线是否安全。

4.检查无人机电池安装是否正确，电池电量是否充足。

5.检查无人机的重心位置是否正确。

7.1.7 做好飞行前遥控器检查

1.检查遥控器控制模式（美国手、日本手、中国手、欧洲手等）。

2.检查遥控器电池电流是否充足。

3.检查遥控器各键位是否复位，及天线的位置。

4.开机顺序：先开启遥控器，后开启飞机。

5.遥控器与无人机进行配对，检查信号强弱。

6.检查相机和云台是否正常工作。

7.轻拨油门观察无人机桨叶旋转顺序是否正确（请勿触碰桨叶）。

8.关机顺序：先关闭飞机，后关闭遥控器。

7.1.8 做好对地面设备检查

1.检查地面通信是否正常。

2.检查操作系统（地面站）工作是否正常。

7.2　真机飞行训练

7.2.1　起飞降落练习

1.练习要求：操控无人机平稳起飞、降落。

2.起飞：起飞前检查完成后，可以操作无人机进行起飞练习。起飞时除油门通道外，所有通道回中，内八解锁，油门从最低位开始垂直起飞，如果发现起飞时不是垂直起飞，教练应及时提醒学员。同时，教练主控要随时做好接管学员副控的准备，等升到一定高度后再进行下一步动作（起飞时油门不能过慢或过快）。

3.降落：降落时，首先判断地面是否平整，降落时先稳住飞机姿态再进行下降速度均匀且缓慢，而后学员进行垂直降落，飞行姿态档位切换到GPS，同时右手放在切换开关上做好应急准备，在降落的时候不要一下就把飞机降下来，如果发现降落时不是垂直降落，教练应及时提醒学员。同时，教练主控要随时准备接管学员副控，此时教练主控应保持GPS模式。

7.2.2　360°自旋练习

1. 动作要求

（1）缓慢垂直起飞；

（2）先推升降远离自己，在协调副翼找到中心桶位置；

（3）无人机在中心桶要保证正对尾，悬停高度为2~5米，悬停时间为30

秒~60秒之间，偏移范围高度不超过±1米，航向偏差±15°，水平偏差±2米。

2.定高四位悬停练习

定高四位悬停包括：对尾、对头、对左、对右四个方位悬停，对尾悬停在前面动作要求中已经介绍，其他三种悬停也与对尾有类似之处。

训练过程如下。

（1）起飞，保持稳定高度（2.2~2.7米内）悬停，机尾时刻保持正对尾，起飞过程与对尾悬停相同，悬停时间保持30秒以上。

（2）缓慢操纵方向控制杆，旋转无人机方向，匀速缓慢绕机体中轴线顺时针方向（或逆时针方向）旋转，看机身运动状态，出现偏移适当反向压舵进行修复，当机身的整个侧面对准操纵者时保持悬停，悬停时间保持30秒以上，偏移范围：高度方向±1米，水平方向±2.5米。

（3）继续缓慢操纵方向控制杆，旋转无人机方向，匀速缓慢绕机体中轴线旋转，看机身运动状态，出现偏移适当反向压舵进行修复，当机头对准操纵者时保持悬停，悬停时间保持30秒以上，这里要注意无人机对头时所有舵都是反向，修舵时要清楚，偏移范围：高度方向±1米，水平方向±2.5米。

（4）继续缓慢操纵方向控制杆，旋转无人机方向，匀速缓慢绕机体中轴线旋转，当机身另一侧面对准操纵者时保持悬停，悬停时间保持30秒以上，偏移范围：高度方向±1米，水平方向±2.5米。

（5）继续缓慢操纵方向控制杆，旋转无人机方向，匀速缓慢绕机体中轴线旋转，回到中心桶正对尾悬停。

3. 定高匀速自旋

定高匀速自旋训练过程如下。

（1）起飞，保持稳定高度（2.2~2.7米左右）悬停，机尾时刻保持正对尾，起飞过程与对尾悬停相同。

（2）缓慢操纵方向控制杆，旋转无人机方向，匀速缓慢绕机体中轴线顺时针方向（逆时针方向）旋转360°或一圈多15°之内，旋转用时应在6~20秒之间，偏移范围：高度方向±1米，水平方向±2.5米。

7.2.3 水平八字航线飞行练习

图7-3所示为八字航线飞行分解图，本练习将按照该分解图进行飞行训练。

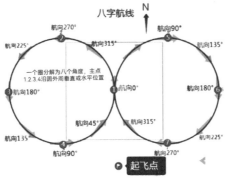

图7-3　八字航线飞行分解图

1. 出桶流程

平稳起飞后飞到中心桶上方自旋结束，将飞机调整好，触发语音提示后拉升降，向桶后拉半个机身位到一个机身位后重新推升降，从桶上飞出，保证LED灯与中心桶垂直在同一直线上，以确定飞机飞在正确航线上，过桶方向跟上，保证速度与方向相匹配，两者不可停止。

2. 水平八字飞行练习

如图7-4所示，开展水平八字飞行练习。

（1）选取两个与自身平行相距30米的目标点。

（2）飞机右侧位悬停在左侧目标点。

（3）飞机匀速向前飞行，到右目标点悬停10秒。

（4）在两点之间再加入两点，重复刚才的操作，中点减速但是不停，练习升降舵的操作精度。换退飞，重复以上四步的练习。

图7-4　水平八字飞行练习示意图

3. 航点飞行练习

如图7-5、7-6所示，开展航点飞行练习。

（1）在中心筒上保持左侧位的悬停，然后保持飞机姿态分别在左上点和右下点悬停1分钟。

图7-5　左侧位悬停航点飞行练习

（2）在中心筒上保持右侧位的悬停，然后保持飞机姿态分别在左下点和右上点悬停1分钟。

图7-6 右侧位悬停航点飞行练习

（3）在中心筒上保持对头姿态的悬停，然后保持飞机姿态分别在左边点和右边点悬停1分钟。

4. 圆周航线飞行练习

（1）如图7-7所示，尝试左半圆A-B段弧，在B点保持对左姿态悬停10秒。

图7-7 左半圆A-B段弧飞行示意图

（2）一样的要求，如图7-8、图7-9、图7-10所示，先后练习B-C段弧，C-D段弧，D-A段弧。

图7-8 左半圆B-C段弧飞行示意图

图7-9 左半圆C-D段弧飞行示意图

图7-10 左半圆D-A段弧飞行示意图

（3）同样要求，练习右半圆。

（4）重复1、2、3三个步骤，把注意力放在副翼舵面，让每段弧更加精准。

（5）重复以上步骤，每个点不用停留，减速即可。

（6）反复练习至熟练。

7.3 Ⅲ类（小型）民用多旋翼无人机驾驶员执照考试流程

根据现有的民用多旋翼无人机驾驶员执照考试规定，申请者需参加理论考试和实操考试。本书以Ⅲ类（小型）民用多旋翼无人机驾驶员执照考试为例，介绍考试的流程及注意事项。

　　需要特别指出的是，该部分介绍的考试流程，是按照2018年8月发布的《民用无人机驾驶员管理规定》（AC-61-FS-2018-20R2）相关规定执行的。本书在编写时，《民用无人驾驶航空器操控员管理规定（征求意见稿）》已于2021年12月启动意见征询工作。新的规章发布后，考试流程可能会有变化和调整，请使用本书的老师和学员注意根据新的规定进行适时调整。

7.3.1　理论考试流程

本节介绍的理论考试流程对视距内驾驶员、超视距驾驶员均适用。

图7-11　理论考试考场实景图

图7-12　理论考试登录界面

如图7-11、7-12所示，分别为理论考试考场和理论考试登录界面。具体的考试流程及注意事项如下：

（1）考试前按序号排队候场，准备好身份证等待工作人员确认身份。候场时手机保持开机，时刻留意考试群消息；

（2）进入考场前先和工作人员确认并登记身份信息，不要忘记考试结束后将身份证等个人物品带出考场；

（3）进入考场前手机要静音，并且交给考场工作人员或放置于指定位置，切勿携带任何电子设备进入考试位置，以免被判定为作弊取消考试资格；

（4）特别注意：理论考试过程中，有任何页面弹出（特别注意右下角广告）都要马上关闭，防止触发反作弊系统导致考试失败；

（5）考试中如果考试页面登不进去、锁死等情况立马举手示意报告考官说明情况；

（6）考试系统的登录名是自己的身份证号，登录密码由考官在考试现场提供，同考场一般为同一个密码，不清楚密码或者看不清前方密码的可以举手向考官询问；

（7）考试过程中出现突发情况不要慌张，有任何影响考试的情况立马举手示意考官，等待考官或协考员处理；

（8）首先对限时120分钟的100道理论试题进行作答。作答完毕后提交，再返回上一级考试界面；

（9）然后对限时20分钟的10道综合题目进行作答，作答完毕后提交；（综合问答属于实践考试，若只报名参加理论考试则不需要作综合问答）

（10）全部作答完毕后，返回考试界面，出现最终成绩，举手报告，等待考官确认；等考官确认完成绩后，再离场。

7.3.2 实操（手动飞行）考试流程

本节介绍的实操考试流程对视距内驾驶员、超视距驾驶员均适用。

实操考试的主要内容包括：悬停、慢速水平 360°、水平八字航线（左右两圆直径 6 米）、定点降落等内容。如图 7-13 所示为实操考试考场，图 7-14 为实操考试场地布置示意图，图 7-15 为身份证阅读器。

图 7-13　实操考试考场

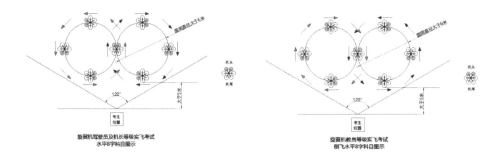

图 7-14　实操考试场地布置示意图

图7-15　身份证阅读器

实操考试的具体流程及注意事项如下：

（1）准备好身份证，在教员指导下，按照考号有秩序进入候场区排队。在教员和考官沟通好后，待考考生进入考试区域进行考试；

（2）考试时身份证交由考官检查核对，调整好状态，配合考官安排；

（3）考试前认真观察风向，多观察前面考生出现的问题和考官特别关注的环节，切勿出现危险操作，否则本次考试机会将直接作废；

（4）特别注意：为考试无人机上电后，等待无人机航灯表示飞机自检正常后，再开始考试；

（5）视距内驾驶员使用GPS模式飞行，超视距驾驶员使用姿态模式飞行，注意判断飞机状态。超视距驾驶员如果用GPS模式进行考试按照作弊处理；

（6）考试中如遇见紧急情况，要大声报告考官说明原因，要做到手不离控，眼不离飞机；

（7）考试过程中，要把握好三次机会，认真听取考官提出的问题和建议并做出改正；

（8）考试结束后，向考官表示感谢并确认自己的成绩。取回身份证后离场。

7.3.3 实操（地面站）考试流程

在第八章中，我们将重点介绍开展地面站系统训练的相关内容。为了将Ⅲ类多旋翼超视距无人机驾驶员考试的内容介绍完整，本节对实操（地面站）考试流程先行进行介绍。

本节介绍的实操（地面站）考试流程对超视距驾驶员适用。Ⅲ类多旋翼超视距无人机驾驶员考试分为两个科目：地面站软件航线规划和归航规划。

1. 地面站软件航线规划考试流程及注意事项

（1）考试要带好身份证以及签字笔，找到对应电脑后，一定要检查电脑的硬件和地面站软件是否可以正常使用。注意：电脑一般要求学员自带，要做好充足准备工作。

（2）考试前学员提前打开地面站软件检查，检查是否有停留时间，画图测试一下，画图界面是否出现卡顿。

（3）考官公布考题后，在考官要求时间内认真审题，理解题意，有任何疑问举手报告。

（4）开始考试后，认真作答。考试时间为6分钟，做题时要和考官给的数据认真比对，不要遗漏考题的要求。注意做题不能超时，超过规定时间按未通过处理。

（5）做题时要注意保存，即将完成航线规划时需要多花点时间核对答案是否按要求答题，遗漏一项考题要求将导致考试失败。

（6）完成考试作图，等待考官逐一检查，航线规划合格后，准备进行航线飞行与应急处理科目，也就是地面站归航规划考试。

2. 地面站软件归航规划考试流程及注意事项

（1）执行规划航线时，要听清楚考官命令。平时需要多练习，见多识广，熟练度更高，即使遇到难点也不会超时完成或出错；

（2）紧急返航时，飞机机头要对准返航点，航向误差不能超过15°，水平飞回返航点，注意返航速度不能过快，速度最好控制在3~4米/秒！

（3）返航飞机位置距离返航点要在半径20米以内，返航点与飞机机头航向夹角不能大于45°，飞行高度上下误差不能超过3米！

在学员完成超视距驾驶员考核并获取对应飞行执照后，便可施行超视距驾驶员的权利。飞行执照有效期为2年，需要每两年保持100小时的云系统记录飞行时间，或每两年重新参加一次实操考核，才可更新无人机飞行执照的有效期。

7.3.4 多旋翼无人机教员考试

当学员在超视距驾驶员执照下进行了100小时的记录飞行时间，可以申请考核升级成为对应类别的无人机教员。无人机教员除了包含超视距驾驶员的一切权利之外，还可以对学员进行培训，并推荐学员参与无人机执照考试。

相比视距内驾驶员和超视距驾驶员的考试，教员的考核更偏向于教学能力。教员的考试分为3个部分：理论、实操和口试。

教员的理论考试主要考查教员对于无人机教学方面的有关知识，只有40道题目，考试时间60分钟，获得80分以上才能通过。

教员的实操考试科目和超视距驾驶员基本相同而难度更高，主要区别在于教员学员不得使用飞控的定高功能，360°自旋需要完成顺、逆时针共两圈，水平八字航线需要倒飞（即无人机始终向着机尾方向飞行）等考试内容。

教员的口试科目则由考官与教员学员进行一对一面试的方式进行。考试内容主要包括教学法、旋翼无人机飞行原理、遥控器的设置及使用、旋翼无人机拆装等。考官一般出3道大题，每道大题包含若干小题目，大题答对两道即可通过口试。

通过教员考试后，学员即可更新执照至教员等级，有效期同样为自执照更新之日起两年。但是教员更新执照必须再次通过实操考试而不能通过累计飞行时长的方式更新。

※ 课后习题

1. 飞机飞行中建议飞行风速为（　　）级以下。

2. 指出外场飞行前上电顺序。

3. 起飞前对飞机的检查事项有哪些？

4. 简述水平八字航线飞行的出桶流程。

第 8 章

无人机地面控制系统训练

前面章节提到了无人机地面站控制系统（以下简称地面站系统），本章节将详细介绍无人机地面站系统的概念、分类及用途，以及地面站系统的使用、训练方式和方法。

8.1 无人机地面控制站系统

地面站系统是整个无人机系统非常重要的组成部分，是地面操作人员直接与无人机交互的渠道。它包括任务规划、任务回放、实时监测、数字地图、通信数据链在内的集控制、通信、数据处理于一体的综合能力，是整个无人机系统的指挥控制中心。

地面站系统一般具有下面几个典型的功能。

（1）飞行监控功能：无人机通过无线数据传输链路，下传飞机当前各状态信息。地面站将所有的飞行数据保存，并将主要的信息用虚拟仪表或其他控件显示，供地面操纵人员参考。同时根据飞机的状态，实时地发送控制命令，操纵无人机飞行。

（2）地图导航功能：根据无人机下传的经纬度信息，将无人机的飞行轨迹标注在电子地图上。同时，可以规划航点航线，观察无人机任务执行情况。

（3）任务回放功能：根据保存在数据库中的飞行数据，在任务结束后，使用回放功能可以详细地观察飞行过程的每一个细节，检查任务执行效果。

（4）天线控制功能：地面控制站实时监控天线的轴角；根据天线返回的信息，对天线校零，使之能始终对准飞机，跟踪无人机飞行。

地面站是地面上的基站，即指挥无人驾驶飞行器的基站。一般来说，它由一台电脑（手机、平板电脑）、一个无线电台和一个遥控器组成。电脑（手机、平板电脑）装有控制飞机的软件。飞机的飞行路线通过路线规划工具进行规划，并设置飞行高度、飞行速度和飞行位置。

图 8-1　地面站飞行轨迹示意图

如图 8-1 所示，地面站作为整个无人机系统的作战指挥中心，其控制内容包括：飞行器的飞行过程，飞行轨迹，有效载荷的任务功能，通信链路的正常工作，以及飞行器的发射和回收。它除了完成基本的飞行与任务控制功能外，同时也要求能够灵活地克服各种未知的自然与人为因素的不利影响，适应各种复杂的环境，保证全系统整体功能的成功实现。

目前一个典型的地面站由一个或多个操作控制分站组成，主要实现对飞行器的控制、任务控制、载荷操作、载荷数据分析和系统维护等。地面控制站（GCS）也被称为"任务规划与控制站"。如图8-2所示，任务规划主要是指在飞行过程中无人机的飞行航迹受到任务规划的影响；控制是指在飞行过程中对整个无人机系统的各个系统进行控制，按照操作者的要求执行相应的动作。

图8-2　地面站任务规划示意图

地面站目前正向一站多机的方向发展，即指一个地面站系统控制多架甚至是多种无人机。未来无人机地面站将朝着高性能、低成本、通用性方向发展。所以一站多机是发展趋势，这也对地面站的显示和控制提出了更严格的要求。

无人机地面站系统的发展趋势。

（1）发展通用地面站：确定一套通用的图像储存与传输的协议，以解决各层次无人机之间的地面站和数据的接口标准问题。

（2）重视一站多机的地面站设计，可同时操控多架无人机、使用较少的操作员操纵更多的无人机，这样既提高了操作效率，也减少了人力成本。

（3）逐步发展无人机作战飞机地面站的设计。

（4）发展可靠的、干扰小的、宽带宽的数据链路，提高数据传输效率。其涉及的关键技术有：数据链路的抗截获、抗干扰的编码、加密、变频、跳频、扩频与解扩技术和图像压缩与传输解压以及高速信号处理技术等。

（5）发展人工智能决策技术。一些智能的、基于规则的任务管理软件来驱动安置在无人机上的综合传感器，保证通信连接，完成无人机与操纵人员的交互，使无人机不仅能确保按命令或预编程来完成预定任务、对已知的目标作出反应，还能对随机突现的目标做出相应反应。

（6）发展无人机操控的安全、告警与防错技术。

（7）发展无人机通信中继。地面站与无人机之间的中继用以提高作战半径和地面控制站的安全性。

8.2 地面站系统的分类及用途

地面站系统按照使用方式和大小分为以下类型：

（1）便携手持式地面站系统，如图8-3；

（2）小型移动式地面站系统，如图8-4；

（3）方舱固定式地面站系统，如图8-5；

（4）模块化方舱式地面站系统，如图8-6；

（5）小型化地面站系统，如图8-7；

（6）单兵便携式地面站系统，如图8-8；

（7）信息一体化地面站系统，如图8-9。

图8-3　便携手持式地面站系统

图8-4　小型移动式地面站系统

图8-5　方舱固定式地面站系统

图8-6　模块化方舱式地面系统

图8-7　小型化地面站系统

图8-8　单兵便携式地面站系统　　　　　图8-9　信息一体化地面站系统

　　地面站系统安装使用的开源地面站软件种类有十余种，如下图8-10所示，为目前常用的开源地面站软件。

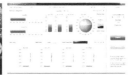

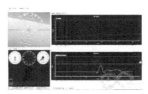
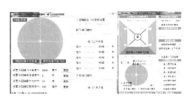

图8-10　常用的开源地面站软件

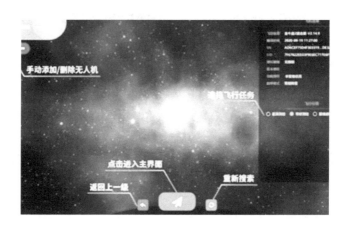

图8-11 AheadX Space地面站软件

　　山西航院无人机培训基地训练使用的地面站软件为AheadX Space,如图8-11所示,这是一款针对考试使用的飞机开发的、仅限于Windows系统的地面站系统,具有可监视飞机状态,规划航路,可分析飞行数据,可进行硬件在环仿真等主要功能。

　　该软件运行在标准的Windows PC上,通过无线电台实时连接飞控,使用专用地面电台进行数据通信。地面站软件带有飞行器姿态、硬件状态显示、电子地图、飞控设置、航线设置等功能。如图8-12所示为航线设置示意图。

图8-12 AheadX Space航线设置示意图

8.3　地面站系统的使用

8.3.1　连接飞控

AheadX Space支持自动搜索并连接无人机，将无人机地面电台（串口）接入电脑后点击搜索无人机按钮，如下图8-13所示，软件将自动搜索无人机。

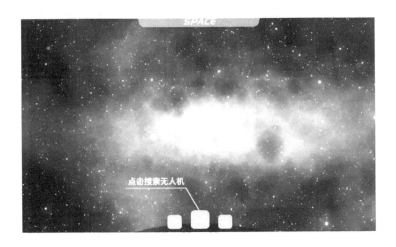

图8-13　AheadX Space搜索无人机

搜索完成后，AheadX Space将自动同步无人机参数。同步参数成功后可在界面右侧命名无人机、查看飞控基本信息、设置本次飞行任务，如下图8-14所示。

图8-14　同步无人机参数

初次连接无人机建议对无人机进行命名，特别是在使用多机飞行的场景中，这将有利于后续无人机的区分及管理。

8.3.2 熟悉软件主界面

点击AheadX Space软件界面下方的纸飞机图标，进入软件主界面，可以看到仪表盘、关键参数信息、状态栏及地图等界面。

1. 仪表盘

如图8-15所示AheadX Space仪表盘主要展现以下参数：

（1）航向角、俯仰角、滚转角：显示飞行器运动的当前姿态和目标姿态，HUD中间仪表盘数据横向为滚转角度指示，纵向为俯仰角度指示，图形化仪表结合详细数值显示，单位：度（°）；

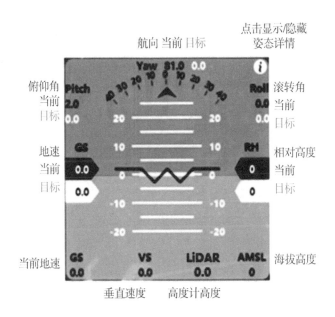

图8-15 AheadX Space仪表盘

（2）地速：飞行器相对于大地导航坐标系的水平速度，单位：米/秒；

（3）相对高度：相对飞控切出待飞状态时所记录高度，单位：米；

（4）海拔高度：卫星测量相对于海平面的高度，单位：米；

（5）垂直速度：指示飞行器垂直方向运动的速度，单位：米/秒；

（6）高度计高度：指示激光高度计测量值，无激光高度计时不显示该数据，单位：米。

2. 关键参数信息

（1）导航参数信息

如下图8-16所示，该参数显示的是卫星定位以及航向信息，其相应的参数类型如表8-1所列。

图8-16   导航参数信息

表8-1   导航参数信息类型表

卫星定位状态图标	航向状态图标
绿色：高质量定位	绿色：航向正常
黄色：一般质量定位	黄色：磁参考超限
红色：未定位	红色：磁罗盘干扰
灰色：卫星接收机离线	灰色：磁罗盘离线

（2）电压监控参数信息

如图8-17所示，白色文字为3个电压监测通道采集到的电压数据。黄色文字为一级保护电压，橙色文字为二级保护电压，红色文字为三级保护电压。

电压1： **22.30** 20.0 v   电压2： **5.08** 4.5 v

电压3： **20.29** 19.0 v

图8-17   电压监控参数信息

（3）电量监控参数信息

电量监控显示无须配置，当识别到智能电池模块接入后将自动显示。

（4）飞行参数信息

如下图8-18所示，为飞行相关参数信息显示。

图8-18　飞行参数信息

其中，"高偏"显示飞行高度偏差，"侧偏"显示飞行水平位置偏差，"圈数"则显示航线飞行的圈数和已飞圈数/总圈数，"归航距离"显示无人机离归航点的距离，"目标距离"则显示无人机离下一目标点的距离；

（5）油门转速参数信息

图8-19显示飞控输出油门量及转速监控通道采集到的转速。

图8-19　油门转速监控

（6）飞控模式参数信息

下图8-20显示控制模式，航向遥控状态信息。

图8-20　飞控模式

其中，自动控制：由飞控自动控制飞行高度速度；

高度控制：在航线模式下执行临时高度指令后将会显示该状态；

速度控制：在航线模式下执行临时速度指令后将会显示该状态。

航向遥控：启用航向遥控后在航线模式下可通过摇杆控制无人机航向。

（7）气压高度计参数信息

二代飞控可外接2个大气测量模块组合，飞控内置气压高度计实现三余度气压高度测量，右键可手动切换当前使用的气压高度计，其中主通道为飞控内置气压高度计。图8-21为气压高度信息监控。

图8-21　气压高度信息

3. 状态栏

AheadX Space飞控状态栏将会显示飞控当前模式状态以及切换原因及应答信息等重要内容，如图8-22所示。

图8-22　状态栏

其中，"航程/航时"显示飞控的航程航时信息，"航程"记录飞控总的飞行里程，"航时"记录单次飞行时间（当切出待飞状态时生效），"飞行状态"指示当前飞行阶段以及飞行模式，显示当前状态切换源以及切换原因，"指令状态"显示指令发送状态，成功后飞控发送返回值，本弹出框将会在出现消息指令时自动弹出并显示5秒，随后自动隐藏。用户可手动点击对话气泡呼出对话框保持常现状态。

4．地图操作界面

AheadX Space地图操作界面如图8-23所示。操作界面每个项目的内容及含义如表8-2所列。

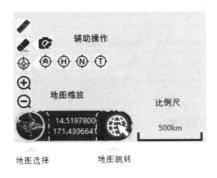

图8-23 地图基本操作界面

表8-2 地图操作界面内容及含义对照表

项目	内容及含义
地图选择1	卫星地图：Google卫星地图（单击切换路网图）
地图选择2	地图：Google路网地图（单击切换卫星图）
地图跳转	将地图中心显示为指定经纬度
比例尺	根据不同缩放级别自动变更比例尺标示
地图缩放	点击缩放地图显示比例，同鼠标滚轮

（续表）

项目	内容及含义
辅助操作	⊕ 定位飞行器：将飞行器调整至主界面中央
	Ⓗ 定位归航点：将归航点调整至主界面中央
	◆ 清空航迹：将已生成的飞行航迹清空
	◢ 刻度尺：辅助测量地图上任意点之间的距离
	Ⓝ 定位目标点：将目标点调整至主界面中央
	⊗ 定位起飞点：将目标点调整至主界面中央
	Ⓣ 定位临时航点：将目标点调整至主界面中央
	ⓒ 删除拍照区域

8.3.3 地面站系统训练与考试

我们在讲述第七章关于Ⅲ类多旋翼超视距无人机驾驶员考试内容和流程时已知晓，地面站系统考试主要考核地面站航线规划、归航规划两项内容。下面对这两项内容如何进行考试前训练进行讲解。

1. 地面站航线规划

考试员实施实践考试中，在考试飞行前准备阶段由考试员从题库中随机选取航线，考试员可依据现场实际条件以及无人机系统特性决定航线的方位（题库中各考题中的航线可依据考试员要求随意旋转角度），以及航线参数中的各项数值（考试员依据无人机系统特性决定航线要素中的数值以及误差范围）。

之后考试员须为学员讲解考试的航线要素，学员知晓题目并示意无异议后开始计时，6分钟内学员应完全依据题目完成航线的规划、检查与上传，无人机进入随时可起飞状态。

进入飞行实施阶段，无人机按照规划的航线执行飞行任务，之后需按照考试员完成以下指令：

①在操作时间限制内修改航线并执行修改后航线；

②在操作时间限制内地面站应急返航操作；

③在操作时间限制内模拟位置信息丢失，姿态模式应急返航操作。

学员按要求完成所有阶段考试科目方可视为地面站考试科目通过。

（1）考试样题

下面，我们会讲解题库中几种常见的考试题目。

①样题一

如图8-24所示，航线要求如下：

A. 起飞点（返航点）与考试席位的相对方位由委任代表根据现场环境等情况进行决定。于起飞点前规划一个等边三角形并循环执行，边长为a，航线相对地面高度为b，水平速度为c，垂直速度为d，转弯方式为停止转弯，停留时间不做要求；

B. a值建议为30米，b值建议为30m，c值建议为3米/秒，d值建议为1米/秒。（航线方位及各数值可由委任代表按实际情况进行调整，

地面站题库（旋翼考题一）

图 8-24 样题一示意图

考题以委任代表规定数值为准）。

②样题二

如图8-25所示，航线要求如下：

A. 起飞点（返航点）与考试席位的相对方位由委任代表根据现场环境等情况进行决定。于起飞点前规划一个等腰直角三角形并循环执行，①-②边长为a1，③-①边长为 a2，∠①为直角，航线相对地面高度为b，水平速度为c，垂直速度为d，转弯方式为停止转弯，停留时间不做要求；

B. a1、a2值建议为30米，b值建议为30米，c值建议为3米/秒，d值建议为1米/秒。（航线方位及各数值可由委任代表按实际情况进行调整，考题以委任代表规定数值为准）。

③样题三

如图8-26所示，航线要求如下：

A. 起飞点（返航点）与考试席位的相对方位由委任代表根据现场环境等情况进行决定。于起飞点前规划一个六边形并循环执行，边长为a，①②③航点相对地面高度为b，④⑤⑥航点相对地面高度为c，水平速度为d，垂直速度为e，转弯方式为停止转弯，各点停留时间为f；

B. a值建议为30米（误差 ≤±3米），b值建议为25米，c值建议为30米，d值建议为2米/秒，

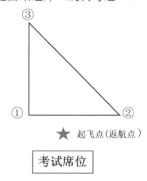

地面站题库（旋翼考题二）

★ 起飞点（返航点）

考试席位

图 8-25　样题二示意图

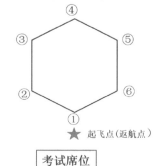

地面站题库（旋翼考题三）

★ 起飞点（返航点）

考试席位

图 8-26　样题三示意图

e值建议为1米/秒，f值建议为2秒。（航线方位及各数值可由委任代表按实际情况进行调整，考题以委任代表规定数值为准）。

④样题四

如图8-27所示，航线要求如下：

A. 起飞点（返航点）与考试席位的相对方位由委任代表根据现场环境等情况进行决定。按图于起飞点前规划扫描航线，航线长度为a，航线间隔为b，航线相对地面高度为c，水平速度为d，垂直速度为e，转弯模式为停止转弯，停留时间不做要求；

B. a值建议为30米（误差≤±3米），b值建议为10米（误差≤±1米），c值建议为30米，d值建议为3米/秒，e值建议为1米/秒。（航线方位及各数值可由委任代表按实际情况进行调整，考题以委任代表规定数值为准）。

⑤样题五

如图8-28所示，航线要求如下：

A. 起飞点（返航点）与考试席位的相对方位由委任代表根据现场 环境等情况进行决定。按图于起飞点前规划一个五边形并循环执行，①②边及②③边的边长为a，∠②为90°，航线相对地面高度为b，水平速度为c，垂直速度为d，转弯模式为停止转弯，各点停留时间为e；

地面站题库（旋翼考题四）

图8-27　样题四示意图

地面站题库（旋翼考题五）

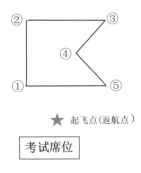

图8-28　样题五示意图

B. a值建议为30米，b值建议为30米，c值建议为3米/秒，d值建议为1米/秒，e值建议为2秒。（航线方位及各数值可由委任代表按实际情况进行调整，考题以委任代表规定数值为准）。

⑥样题六

如图8-29所示，航线要求如下：

A. 起飞点（返航点）与考试席位的相对方位由委任代表根据现场环境等情况进行决定。按图于起飞点前规划一个四边形并循环执行，①②边、②③边长为a，③④边长为b，∠②=∠③=90°，航线相对地面高度为c，水平速度为d，垂直速度为e，转弯模式为停止转弯，停留时间不做要求；

B. a值建议为20米，b值建议为30米，c值建议为30米，d值建议为3米/秒，e值建议为2米/秒。（航线方位及各数值可由委任代表按实际情况进行调整，考题以委任代表规定数值为准）。

⑦样题七

如图8-30所示，航线要求如下：

A. 起飞点（返航点）与考试席位的相对方位由委任代表根据现场环境等情况进行决定。按图于起飞点前规划一个闭合图形并循环执行，各点之间距离不小于20米，①点相对地面高度为a，②点相对地面高度为b，③点相对地面高度为c，

地面站题库（旋翼考题六）

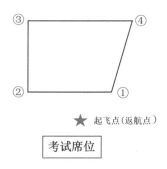

图8-29　样题六示意图

地面站题库（旋翼考题七）

图8-30　样题七示意图

324

④点相对地面高度为d，水平速度为e，垂直速度为f，转弯模式为停止转弯，停留时间不做要求；

B.a值建议为20米，b值建议为25米，c值建议为30米，d值建议为25米，e值建议为2米/秒，f值建议为1米/秒。（航线方位及各数值可由委任代表按实际情况进行调整，考题以委任代表规定数值为准）。

⑧样题八

如图8-31所示，航线要求如下：

A.起飞点（返航点）与考试席位的相对方位由委任代表根据现场环境等情况进行决定。于起飞点前规划一个闭合圆形航线并循环执行，航点数≥10个，直径为a，航线相对地面高度为b，水平速度为c，垂直速度为d，转弯模式为协调转弯；

B.a值建议为30米，b值建议为30米，c值建议为2米/秒，d值建议为1米/秒。（航线方位及各数值可由委任代表按实际情况进行调整，考题以委任代表规定数值为准）。

地面站题库（旋翼考题八）

★ 起飞点(返航点)

考试席位

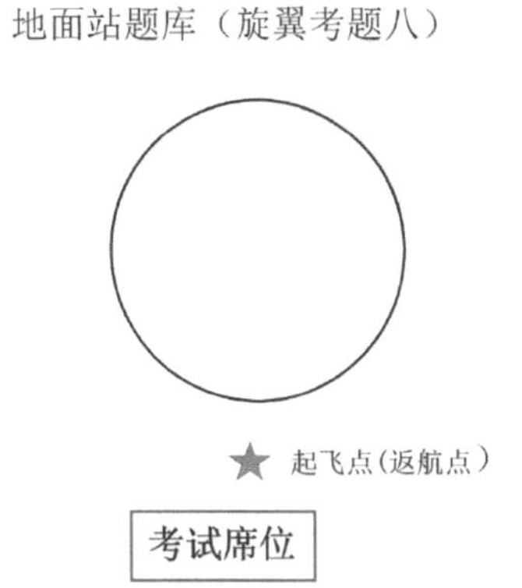

图8-31 样题八示意图

2. 画图练习

以AheadX Space为例，打开地面站软件，搜索飞机，连接地面站，单击主界面左侧编辑面板按钮 ，弹出航线编辑面板，如图8-32所示。

)十字形状，此时即可将光标移动至地图，单击鼠标左键
完成最后一个航点的绘制后，在地图任意位置单击鼠标

图8-32　编辑面板

　　然后，点击图8-32中的 ✐ 按钮后，光标会变为十字形状，此时即可将光标移动至地图，单击鼠标左键进行单条任务航线规划，此时将激活绘制信息提示。完成最后一个航点的绘制后，在地图任意位置单击鼠标右键即可结束规划，如图8-33所示。

图8-33　航线规划示意图

　　（1）航点位置确定：一般情况下，第一个点没特别要求时，可以在地图上随机找一个位置点，确定第二个点的时候，有两种方法，第一种是直接拖动鼠标，会直接出现距离与角度（由于考试时间紧张，这种方法一般不建议使用，比较浪费时间）；第二种方法是以上一个点为坐标，计算下一个的在这个点的角度，都是360°。然后用鼠标点在上一个点，按Shift+鼠标右击，会出现这个标志■，然后输入相应角度、距离确定点的位置，如图8-34所示。

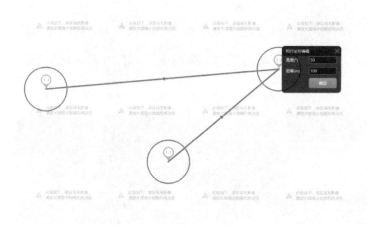

图8-34　航点位置确定方法示意图

（2）航线位置调整：在地图上选中并双击任意航点，出现整体调整框，鼠标移动到框内按住左键可整体平移航线，鼠标移动到调整框边角圆点位置，此时鼠标将变为旋转标志，按住鼠标左键旋转航线，旋转中心为所有航点的几何中心（降落航线旋转中心为转换降落点）。

（3）新增航点：

在地图上或者航线详情列表中选中某一航点，单击增加一个航点按钮，将会自动在选中航点之前增加一个航点，所选中航点及之后的所有航点序号依次加1。新增航点默认添加在当前点与前一点中间，可手动拖动新增航点到需要的位置。在第一个航点之前添加，默认位置在屏幕中央。

（4）删除航点：

在地图上或者航线详情列表中选中某一航点，单击删除航点按钮，则会将选中航点删除，选中航点之后的所有航点序号依次减1。

（5）删除航线：

点击删除航线按钮，则会清空当前航线的所有航点。

（6）调整参数

如图8-35所示，可在编辑面板中的参数调整页面 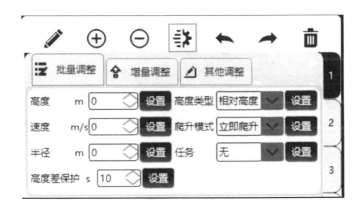 中进行整体调参，也可进行个别点的参数调整。

图8-35　编辑面板（参数调整页面）

表8-3　画图参数调整项目与内容含义对照表

项目	内容及含义
批量调整	对该航线所有航点参数进行直接修改。输入值即为修改值
增量调整	增量修改所有航点高度，速度，半径，输入正数为增加，输入负数为减小
其他调整	当前包含航线逆序操作，航线按照相反方向生成，航线末端航点变更为首端航点

3. 画图须知的方向标

地面站系统画图训练和考试，需要熟练掌握方向标知识。如图8-36所示，为常见的方向标。

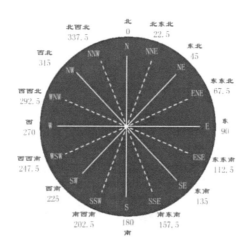

图8-36　方向标

4. 地面站画图训练

我们以下面的样题为例，如图8-37所示。航线要求如下：

①起飞点（返航点）与考试席位的相对方位由委任代表根据现场环境等情况进行决定。按图于起飞点前规划一个五边形并循环执行，①②边及②③边的边长为a，∠②为 90°，航线相对地面高度为b，水平速度为c，垂直速度为d，转弯模式为停止转弯，各点停留时间为e；

地面站题库（旋翼考题五）

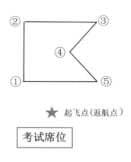

★ 起飞点（返航点）

考试席位

图8-37　画图样题

②a值建议为30米，b值建议为30米，c值建议为3米/秒，d值建议为1米/秒，e值建议为2秒。（航线方位及各数值可由委任代表按实际情况进行调整，考题以委任代表规定数值为准）。

（1）认真审题

要注意抓住关键画图条件、画图顺序、航线所在位置、方向问题、个别参数、思考计算角度，选择最节约时间的简单画图方法。

（2）画出基本图形

如图8-38所示，使用前面学习的画图方法开始画出基本图形。要注意细节减少误差，尽可能用简单方法。

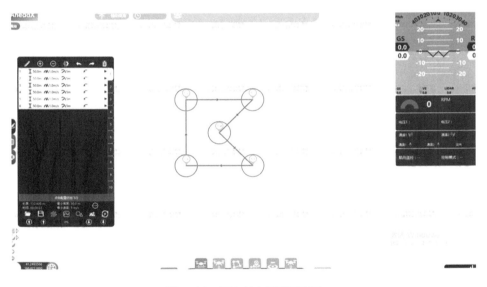

图8-38　画出基本图形示意图

（3）设置起飞、归航点或转图

如图8-39所示，要注意起飞点与题中图形有夹角问题时，一般先设置起飞点，然后再转图；如果试题中出现方向坐标、点指向点、点在点的哪个位置、角度位置、机头朝向等时，一般先转图再设置起飞点。

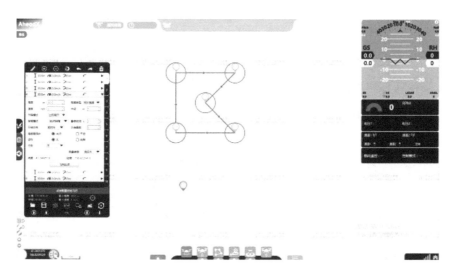

图8-39　设置归航点示意图

（4）调整参数

如图8-40、图8-41所示，先整体调整参数，再单个调整参数。起飞点、归航点一般与1点参数相同。一般重合点参数要求一致，除非有个别要求。

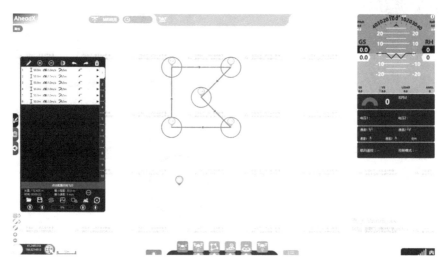

图8-40　调整参数示意图1

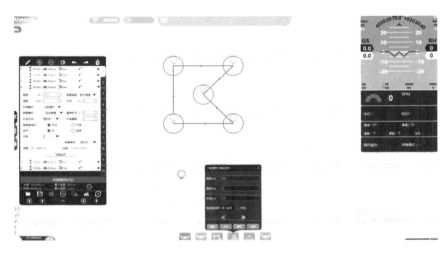

图 8-41　调整参数示意图 2

（5）整体检查

如图 8-42 所示，使用软件的尺子工具，检查题中边长距离、角度方向等问题，然后检查参数细节问题，包括单个点、归航点、起飞及航线参数细节。注意边长不允许有误差，角度只允许有 ±0.5° 误差。

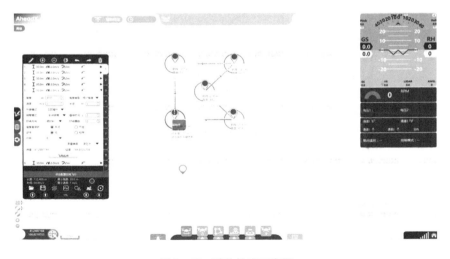

图 8-42　整体检查示意图

2.地面站盲飞归航规划

（1）起飞前检查

以AheadX Space为例，单击主界面左侧◙按钮，开始起飞前检查。表8-4所列为起飞前检查图标与含义对照表。

表8-4　起飞前检查图标与含义对照表

图标	含义
◯	未检查
✓	通过
❗	异常
✕	错误
➖	无

（2）人工检查

此步骤需要相关人员进行详细检查，如图8-43所示，涉及机体、发动机、螺旋桨等十余项检查内容。

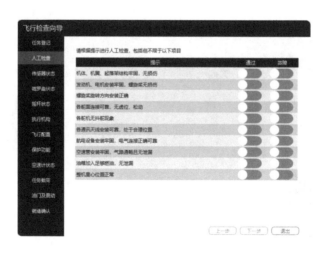

图8-43　人工检查示意图

（3）传感器状态检查

如图8-44所示，点击传感器状态按钮，该页面会自动检测当前飞控状态，如出现红色警报标识，及时排查相关问题。

在首次无人机试飞时，要对姿态角检查进行人工检查：抬起飞机，让飞机产生俯仰/滚转变化，观察对应数值变化，抬头/右滚为正值，如实际变化与数值不一致，请检查飞控安装角是否配置正确。

图8-44 传感器状态检查示意图

（4）磁罗盘状态检查

如图8-45所示，点击磁罗盘状态按钮，进入该检查界面将自动刷新磁罗盘信息，如果出现黄色磁参考超限提示可进行"一键校准"。如出现磁罗盘报红，显示有干扰状态请先排查干扰源，如无干扰，请进行磁罗盘高级校准操作。

图8-45　磁罗盘检查示意图

为了确保航向角数据准确，首次使用时，应进行航向检查：飞行器静止时，确认当前航向角数值是否稳定且与实际航向是否一致，一般情况下，航向差值应保持在10°以内；将飞行器匀速旋转90°，观察航向角数值是否匀速变化90°，且变化方向是否与实际一致。再次匀速旋转90°并检查，直至飞行器旋转至原来位置。

（5）摇杆状态检查

自动检测摇杆连接状态，摇杆连接正常显示杆量应与实际打杆一致，如图8-46所示。

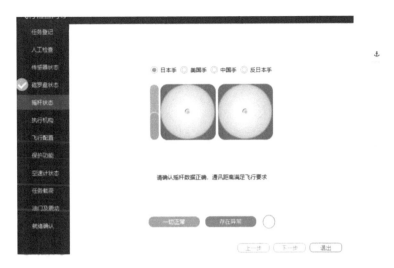

图8-46　摇杆状态检查示意图

①杆量检查

选择与遥控器对应的显示模式后，观察摇杆实际打杆量是否与显示一致。

②模式切换检查

拨动模式切换开关，观察下图弹出遥控模式状态是否与预期一致。如图8-47所示。

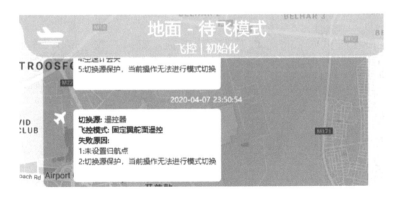

图8-47　摇杆模式状态检查示意图

（6）执行机构检查

单击获取机型按钮，将显示当前所使用飞行布局示意图。确认人员及设备安全后，拖动滑动条按钮至右侧，开始进行电机、伞舱（如包含）执行机构检查，如图8-48所示。

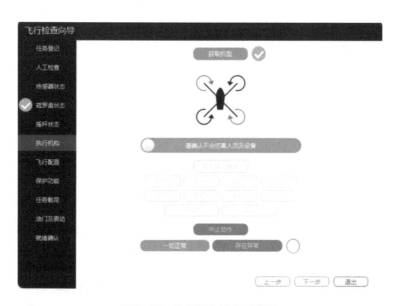

图8-48　执行机构检查示意图

（7）飞行配置

进入该检查页面后将自动下载一次参数。如果参数上传未保存，仅本次飞控启动生效，保存后将一直生效。如图8-49所示。

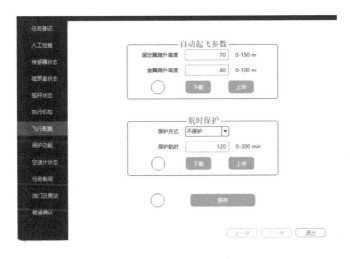

图8-49 飞行配置示意图

（8）保护功能检查

打开该界面将自动刷新当前飞控保护参数，检查无误后单击一切正常按钮通过此检查，如保护参数设置错误，请进入Master调参软件进行配置，如图8-50所示。

图8-50 保护功能检查示意图

（9）盲飞归航飞行

以上检查完毕之后，搜索飞机，链接地面站，根据考官要求绘制图案，或到达预定高度，预定位置。如图8-51所示。

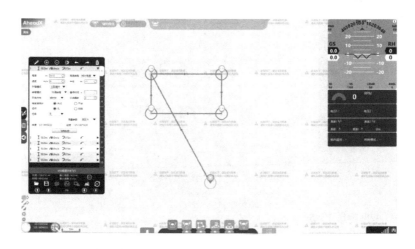

图8-51　盲飞准备完毕示意图

然后，根据考官要求绘制相关图案，根据考官要求进行执行操作。

①前方有个障碍物

a障碍物有高度要求，例如：前方有个高度为50米的障碍物，请避过障碍物。

解决方案：先双击任务栏中双击悬停按钮，航线需要在飞机前面添加紧急任务点，高度必须大于50米，双击立即执行。如果没其他要求，继续执行下一个点，飞机继续飞行。

b前方有个障碍物，请避开障碍物

解决方案：第一种，先双击任务栏中双击悬停，然后在航线两侧添加一个紧急任务点，双击立即执行。

第二种，先双击任务栏中双击悬停，在飞机前面添加紧急任务点，高度大于航线高度，飞机继续执行航线。

②在航线执行中，加点或者删减点

例如：如图8-52所示，在航线中2点与3点加一个点，先双击任务栏中双击悬停，在航线中点3号点，在任务栏点。然后在任务栏点上传，然后再下载，删除点也是如此。

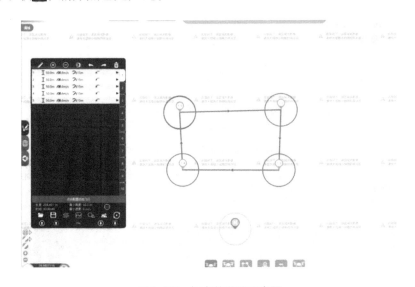

图8-52　加点前图形示意图

③飞机立即升高10米

先双击任务栏中双击悬停，然后在航线中，修改飞行中下一个点的高度，把高度增加10米，然后在任务栏上传、下载数据，继续执行航线飞行。

④盲飞归航

根据飞机位置，进行盲飞归航，如图8-53、图8-54所示。

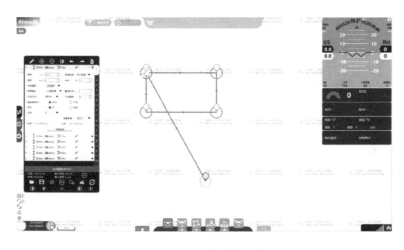

图8-53 盲飞归航前示意图

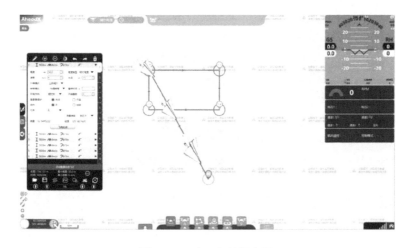

图8-54 盲飞归航示意图

3.地面站系统训练与考试注意事项

地面站训练时，必须提前做好飞行前的检查准备，检查电压、电池、螺旋桨等各种部件是否存在问题，尽可能减少安全隐患问题。

飞行过程中，飞行高度必须按照空域要求进行，必要时需操作员进行飞行空域申请。飞行中操作员需根据考官要求在规定时间进行执行操作，一般时间为3分钟左右。飞行中操作员需时刻盯着飞机飞行状态及地面站信息面板的信息，防止飞机飞行出现异常。学员需及时汇报飞机电压问题、连接问题、飞行高度、飞行速度等问题。

※ 课后习题

1.地面站按照使用方式和大小分为（　）、（　）、方舱固定式地面站、（　）、模块化方舱式地面站系统等。

2.下面哪项不属于地面站系统应具有的功能（　）？

A.地图导航功能　　B.天线控制功能

C.任务回放功能　　D.发射与回收

3. 什么是地面站控制系统？

4. 请默写地面站，画图须知方向标。

参考文献

[1] 贾永红.航空航天概论[M].4版.北京：北京航空航天大学出版社，2017.8.

[2] 卢娜，张亮.通用航空概论[M].北京：中国民航出版社，2017.10.

[3] 中国民航管理干部学院，浙江建德通用航空研究院.中国民用无人机蓝皮书——中国民用无人机年度发展研究报告：2021[M].北京：中国民航出版社有限公司，2020.8.

[4] 王耀坤，郭伟丰，高静.无人机系统概论[M].北京：北京航空航天大学出版社，2020.11.

[5] 远洋航空教材编写委员会.无人机技术导论[M].北京：北京航空航天大学出版社，2019.10.

[6] 董朝阳，张文强.无人机飞行与控制[M].北京：北京航空航天大学出版社，2020.9.